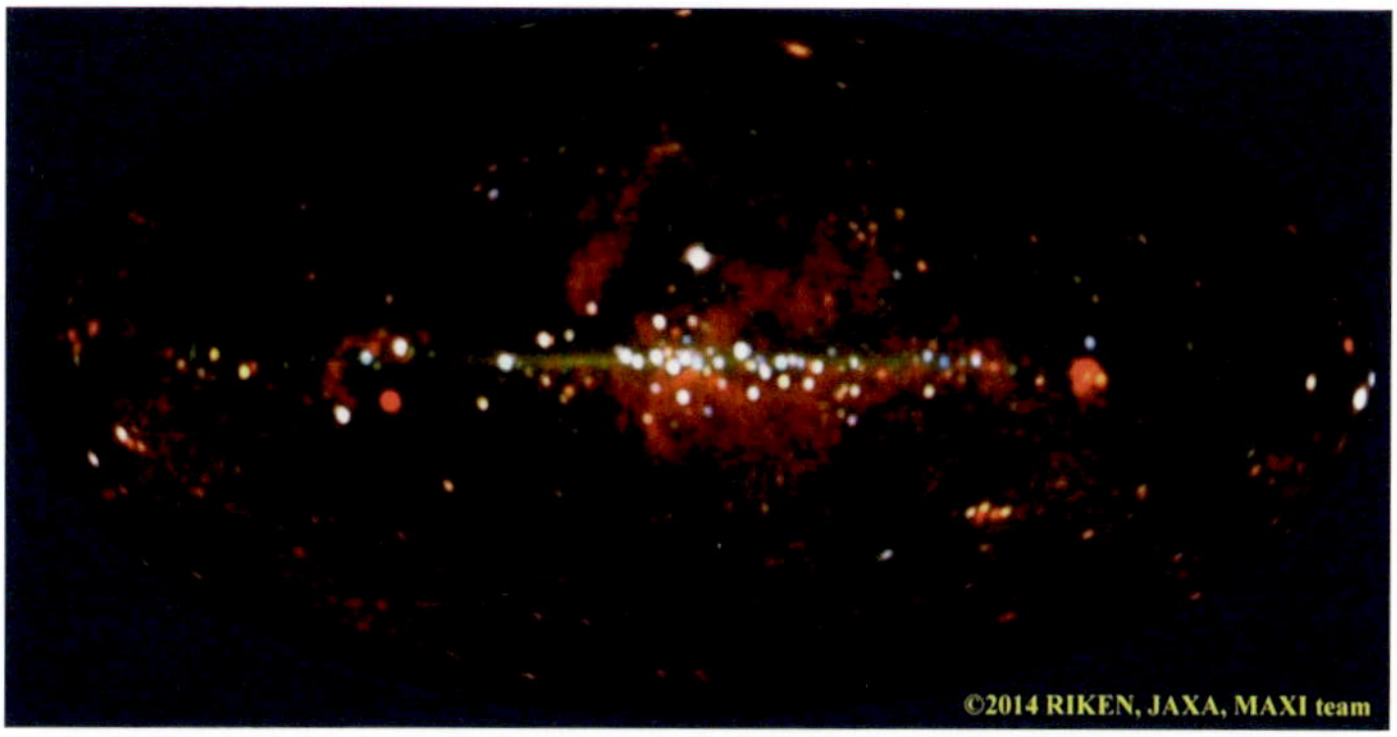

X 線で見た宇宙は私たちの目では見えない宇宙の姿だ。この X 線天体の画像は全天 X 線監視装置マキシでとった 4 年間のデータを集めたものである。画像は、私たちの銀河の中心を画像の真ん中に置き、淡く輝く X 線の天の川を銀河中心から左右に流れる銀河座標系で示した。私たちの銀河系には X 線を出す薄い高温のガスがあって、淡く X 線で光っている。また、全天には、巨大ブラックホールをもつ無数に近い活動銀河が宇宙の果てまで続いている。これらは、一見静かな X 線の背景放射となっている。

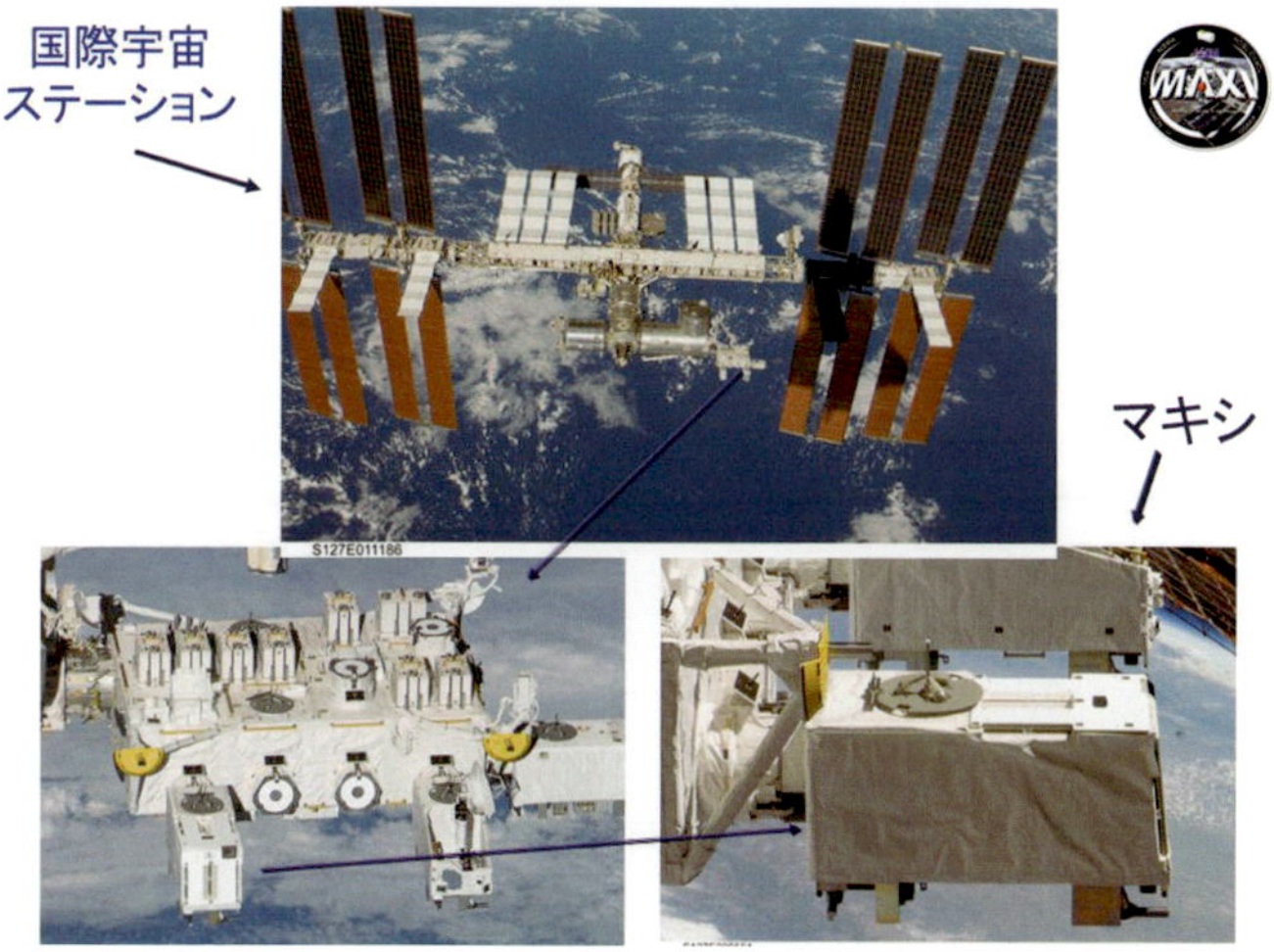

口絵 **1**　国際宇宙ステーションとそこに搭載された全天 **X** 線監視装置

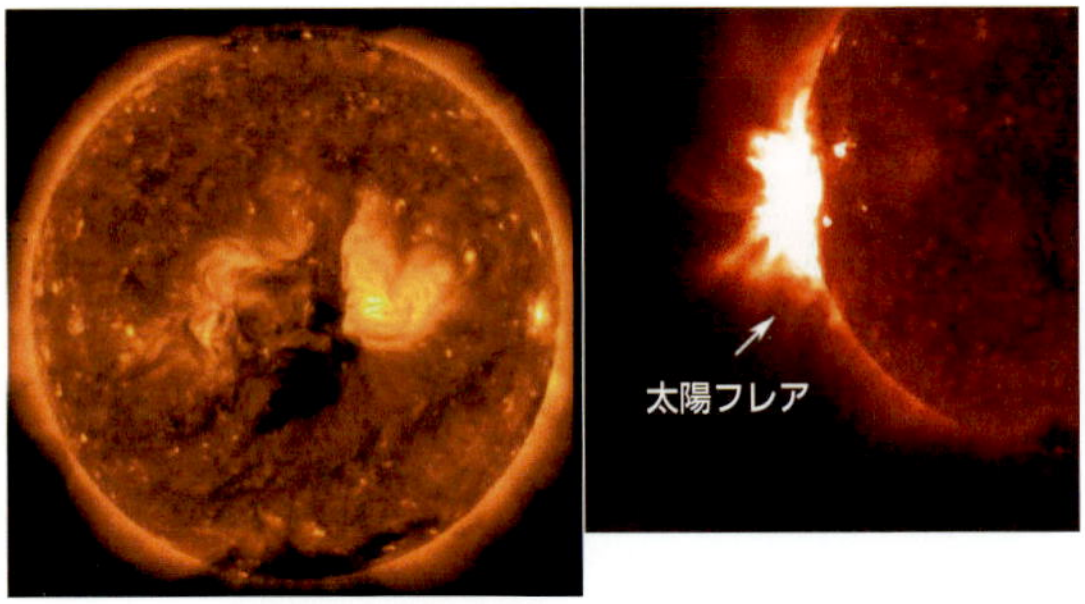

口絵 **2**　太陽フレアの **X** 線写真

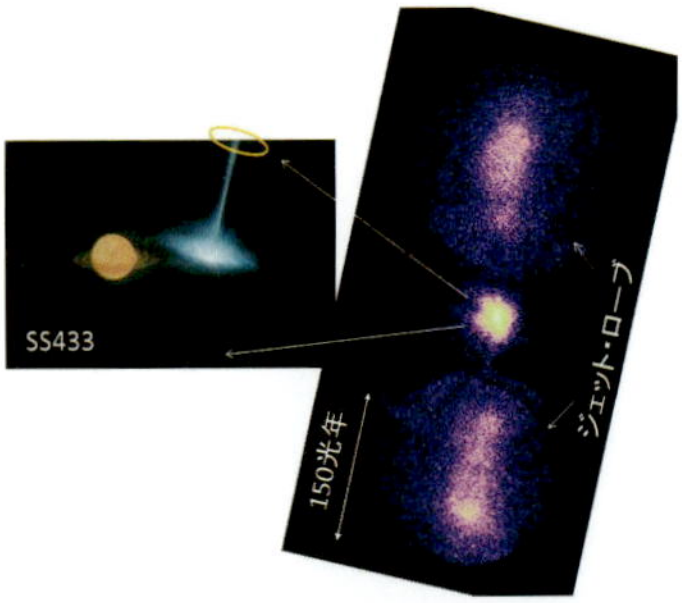

口絵 **4**　マイクロクエーサー **SS433**

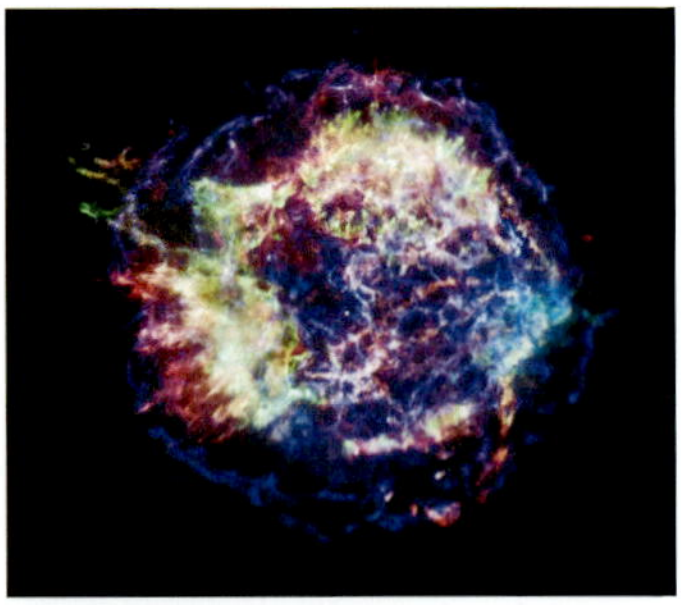

口絵 **3**　カシオペヤ座 **A** の **X** 線画像

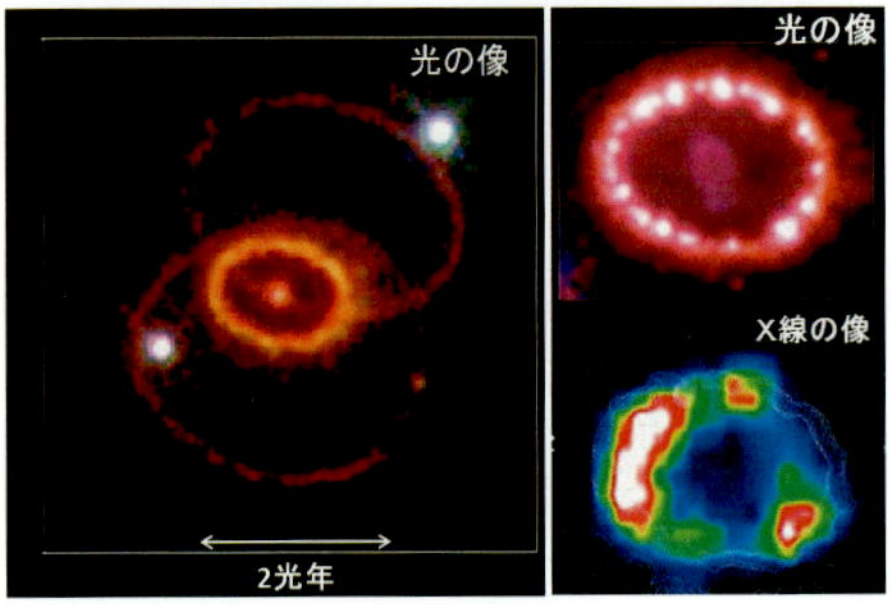

口絵 **5**　**SN1987A** の爆発数年以降の光と **X** 線の像

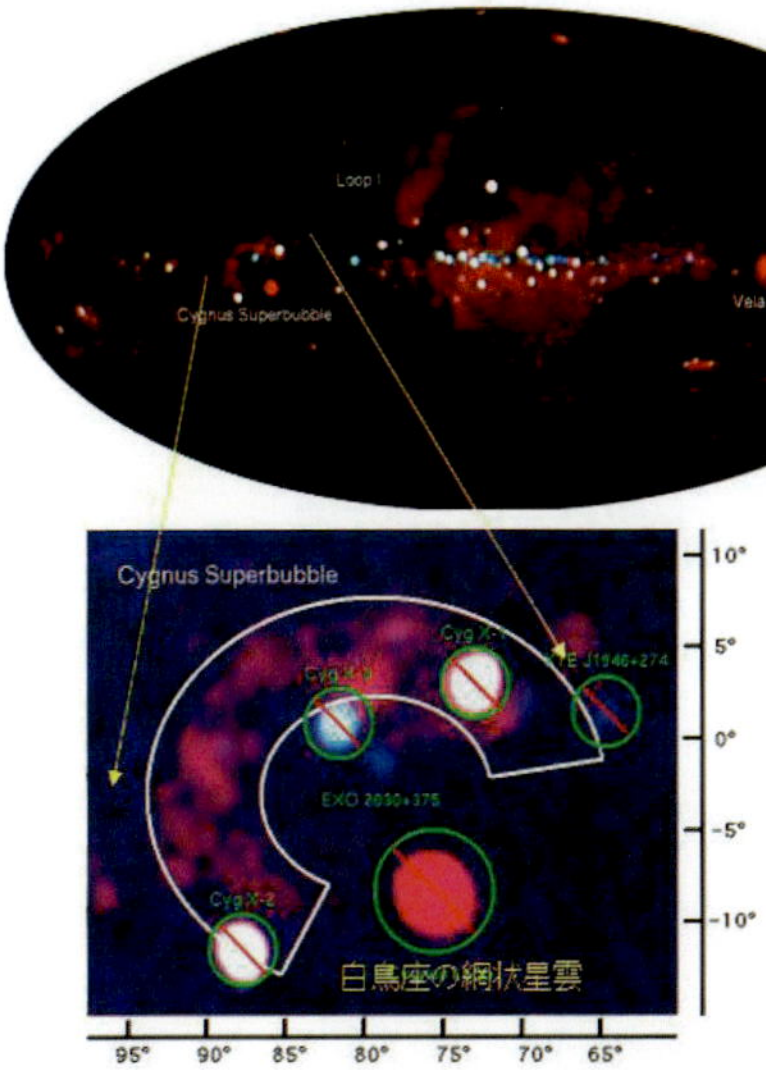

口絵 **6**　はくちょう座に見つかった極超新星の残骸

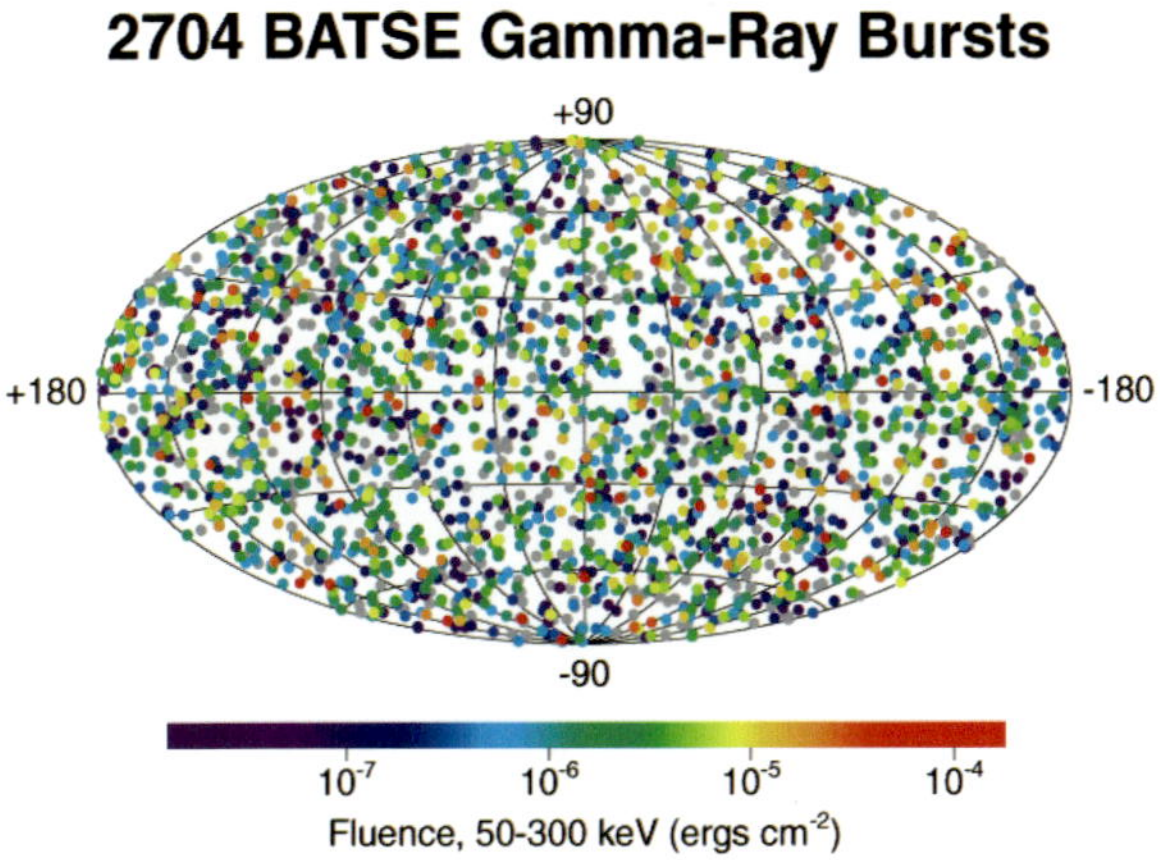

口絵 **7**　ガンマ線バースト源の全天分布

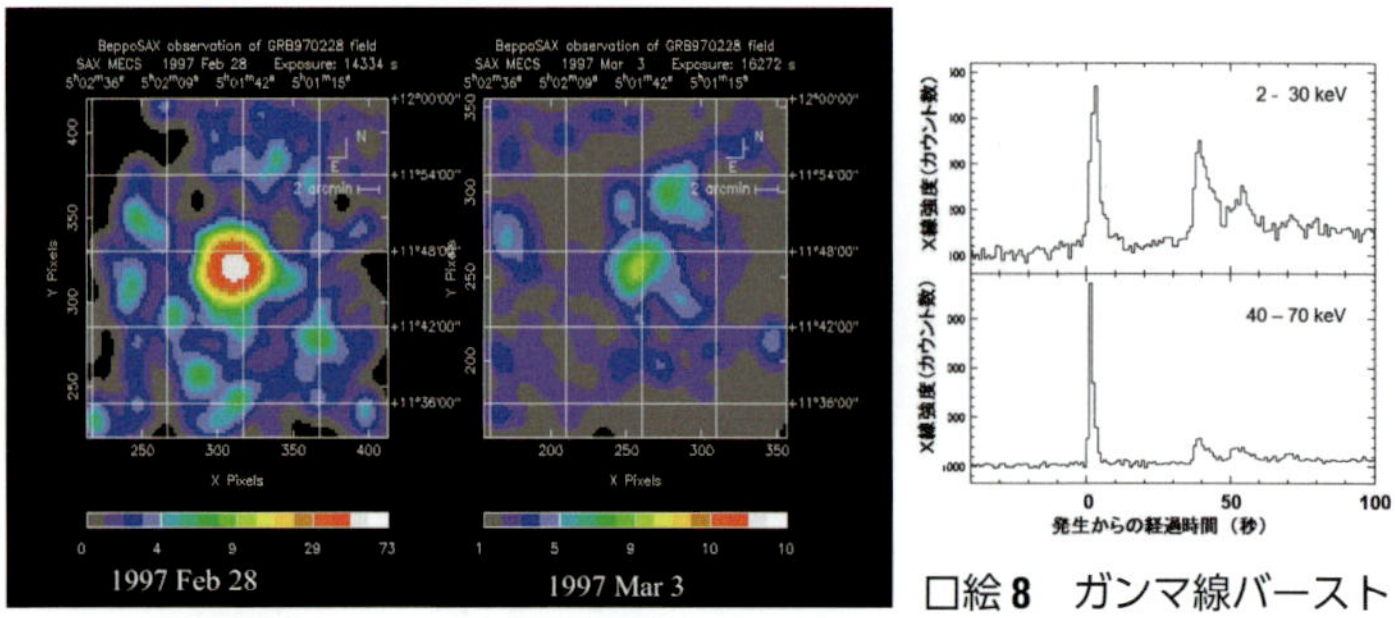

8時間後　**3日後**

口絵**8**　ガンマ線バーストの残光

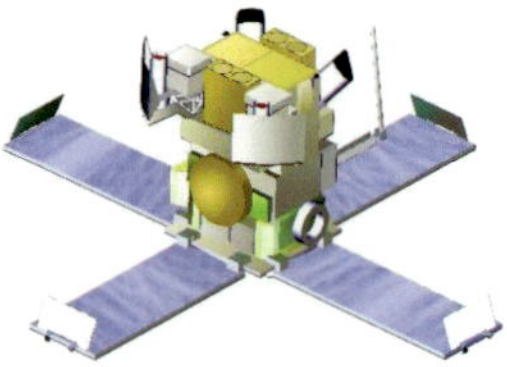

口絵**9**　ヘティの外観

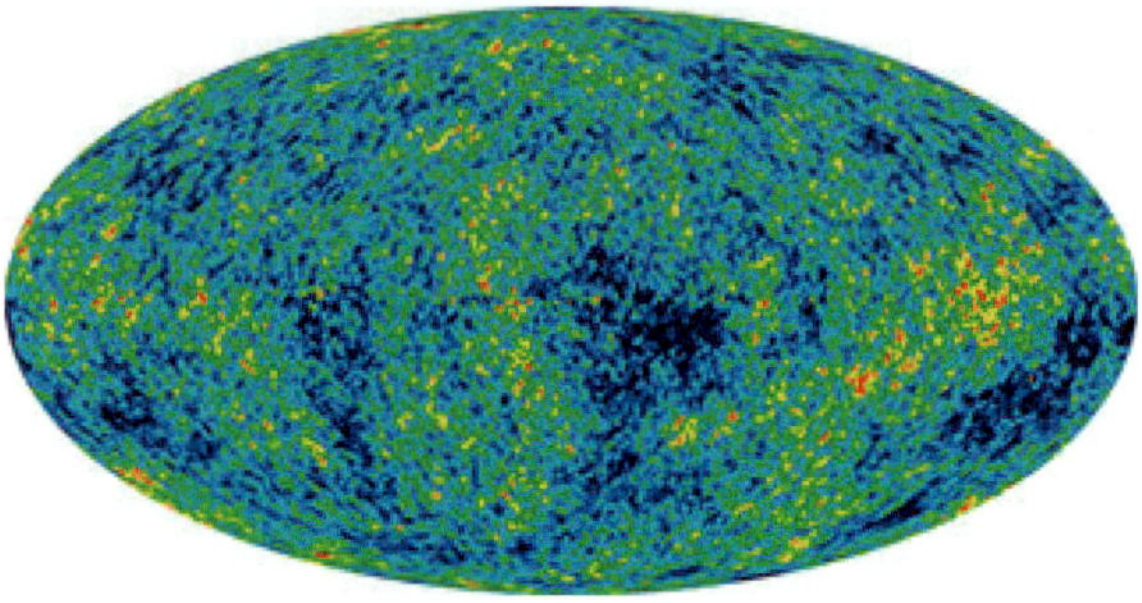

口絵**10**　マイクロ波電波で観測された宇宙背景放射の全天図

爆発を好む宇宙

ビッグバンにはじまり爆発で進化する宇宙

松岡　勝［著］

丸善プラネット

私たちは、いつでも、どこでも、爆発に遭う世界に住んでいる。

はじめに

宇宙は爆発でみちている。

宇宙を見渡せば、爆発は宇宙に普遍的なことがわかる。まず、宇宙最大の爆発は宇宙そのものだ。時をさかのぼれば、宇宙がきわめて小さな領域から生まれたことはわかっている。おそらくは無限に小さい一点から生まれたのだろう。その誕生の前後は神秘に満ちていて、科学的に明確な解答はない。宇宙の生まれの原点は仏教の〝無〟とか〝空〟にも通じるようだ。その宇宙誕生のときの大爆発が、いまや経済用語にもなったビッグバンだ。宇宙の全エネルギーを集めた爆発だった。それ以来、今に至るまで、そして未来にわたっておそらくは永劫に、宇宙は膨張を続ける。はかない人間の想像力をはるかに越える世界だ。

宇宙は誕生の瞬間こそミステリーながら、一旦生まれたあとは、現在まで通じる物理学の法則にしたがっているようで、研究が進むにつれ、宇宙創世期の様子は解明されつつある。私たちが今、住んでいる宇宙の、見える物質も、見えない物質も、その素はビッグバンのわずか三分間ほどで爆発的に生まれたという。すなわち、わが宇宙のＤＮＡが整うのに、わずか三分しかかからなかった。そのあと、宇宙の基礎ができあがってこの宇宙が登場するまでに、これもわずか三八万年ほどしかかかっていない。宇宙の年齢一三八億歳に比べれば刹那の時間といってよい。この三分間は人間の基本が受精時に決まる時間、三八万年は生まれ出た時間にたとえられる。宇宙は、基本的な物質をもとに一三八億年かけて進化して今日の姿になったのだ。

その一三八億年にわたる宇宙の進化の過程で、物質は形を変え、星や星雲が生まれ、そのうち生命も生まれ、変形と生死とをくりかえしてきた。その中で、超新星の爆発をはじめとする、さまざまな爆発が重要な役割を果たしている。たとえば星も生物に似て寿命があり、その最期には爆発やガスの大放散をして死に至る。しかしそうして飛び散ったガスが集まって星や惑星がまた生まれる。惑星上では生物も生まれるかも知れない。その証拠に地球上では、たしかに生命が生まれ、進化して、なかには本書を手にとる生命も現れた。そのように宇宙は、つりあいを保った成長からつりあいを崩す爆発、そして、再びつりあいを保つ成長の循環がくりかえされて、綿々と続いている。宇宙こそ、輪廻転生を体現している存在といってもいいだろう。

地球で起こる爆発――大地震

まずは身近なところからはじめてみよう。

地球の自然が出すエネルギーは膨大だ。二〇一一年三月一一日に発生したマグニチュード九・〇の東北地方太平洋沖地震は、地球上で起こった自然爆発の一つである。この地震は、日本の近代災害史上未曾有の巨大な津波をひき起こし、甚大な被害をもたらした。数多くの住宅を呑みこみ人々の命と暮らしを奪っただけでなく、福島の原子力発電施設を破壊し、放射性物質の放出によって被害はさらに拡大した。これは、地球がもつエネルギーの一部が、地震として三～五分程度の短時間に放出されたものだ。地震の原因は、地中で起こった大規模な重力崩落である。この〝爆発〟は、本書で述べる宇宙の爆発に比べるとささいなものであるが、私たちの身近で起こったため大きな被害を及ぼしたものだ。

この地震のエネルギーは世界中にあるすべての原子力発電機を二カ月間ほどフル稼働させるのに匹敵する。地震はそれをわずか数分で爆発的に放出したわけだ。人類は原子力を封じこめ、原発で平和的に利用する能力を獲得したかに見えた。しかし、原子力といえど、自然の爆発的破壊力に比べれば無力に近い。地震に限らず火山や台風に見るように、自然はそのエネルギーを制御せず、爆発的に放出することを好むようである。人間の力は、これらに比べたらチッポケなものと謙虚にかまえるべきかもしれない。

宇宙で起こる超大規模爆発

次に目を宇宙に向けよう。

太陽でも、遠い星でも、銀河系でも、あるがままにそれぞれ自然の法則にしたがって爆発を起こし、エネルギーを放出している。当然ながら、人間の力ではとてもとても封じこめられない爆発だ。

たとえば、地震とは、地球の重力エネルギーが短時間に解放される爆発現象であった。それでさえ、人類の力のはるかに及ばないものだ。宇宙には中性子星やブラックホールといった膨大な重力場をもつ天体がたくさんあり、その表面重力は地球上の数千億倍あるいはそれ以上になる。その表面に近付くと強力な引力で引っ張られ、膨大な落下エネルギーが発生する。それにより、これら天体の近くでは爆発的な現象がしばしば見られる。そのスケールたるや想像を絶するものであることはいうまでもない。

人類は、地球上にて、水力発電などの形でおだやかに重力エネルギーを利用している。地球上での落下エネルギーは桁違いに小さいため、制御がしやすいからこそ、可能なことだ。とはいえ、山間部で大雨が降ったあとには土砂崩れや鉄砲水など、歓迎せざることが起きるし、地震に至ってはなおさらだ。自然はやはり、暴走に傾くことを好むようだ。

宇宙で起こる爆発になれば、地球最大の地震のエネルギーの一兆倍のその一超倍を超えるものまである。チッポケな人類にとっては、利用はできないもののその謎を解く賢さはある。幸いにして、宇宙での爆発はあまりに遠いため、地球に被害は及ばない。肉眼で見える程度に近い場所で新星や超新星のような大爆発がまれに起きても、夜空に今までなかった星が短い期間の間出現する、という以外の影響はない。人々は時には畏怖の気持ちもこめて客星として記録し、その消長を見守ってきたものだ。

宇宙観測の意義

天文学は宇宙で起こる現象のエネルギーの源や、その発生機構を理解する学問だ。美しい夜空に感動し、あるいは宇宙でまれに起こる爆発現象を壮大な宇宙ショーとして楽しみつつ、同時に、それらがどのような秩序や法則で起こっているのかを理解しようとしている。事実、天文学は天体物理学とも呼ばれ、原子核物理学や素粒子物理学の発展と二人三脚だった。

天体物理学では、地上の物理学や化学と違って、人間が介入して実験はできない一方、地上ではあり得ないスケールの自然現象を観測することができる。天文学の場が、物理学の仮説の検証の場になったり、そこで新しい法則が見出されたりもしてきた。そしてそれらが時間を経た後には私たちの社会活動に応用されることもある。たとえば、身近なところでは、アインシュタインの一般相対性理論は天文学を通じて初めて検証されたもので、今ではカーナビゲーションなどＧＰＳ技術に不可欠なものだ。

宇宙で起こっているまだ見ぬ新しい現象や法則を発見、解明することには、それ自体のロマンだけに留まらず、科学全体の発展に寄与するものだといえる。

実は、宇宙で起こっている爆発現象の系統的な観測はまだ歴史が浅い。たとえば、古典的な究極の爆発現象として知られる超新星爆発の肉眼での観測は、有史以来、世界中で数例しかない。しかし、過去半世紀の観測技術の発達により、多くの新事実が明らかになってきたところだ。たとえば超新星爆発は今では年に数百個発見されている。もちろん宇宙にはいまだ解かれていないミステリーも数多くあるのは事実だ。それでも、半世紀前に比べれば、人類の理解の進歩には目をみはるものがある。

過去半世紀の天体観測技術の発展において特筆する点として、人間の目に見える可視光以外の波長帯域での観測、端的には電波、赤外線、紫外線、X線、ガンマ線観測が可能になり、目覚ましい進歩をとげてきたことが挙げられる。なかでも、医療現場でX線の利用が革命を起こしたのと同様に、天文学で人類がX線という新しい〝目〟を獲得した意義は大きい。X線天文学の創始者の一人であるR・ジャコーニが二〇〇二年にノーベル物理学賞を受賞したことにも象徴される。

実は、X線観測天文学は、日本が世界をリードする分野だ。筆者は、過去半世紀、日本のX線天文学の最先端で研究する幸運にあずかり、宇宙の爆発現象の観測と研究に半生を捧げてきた。なかでも、一九九〇年代は、米・日・仏共同のガンマ線バースト観測を目的としたヘティ（HETE）衛星プロジェクトで、日本の代表をつとめた。次いで一九九〇年代終わり頃、国際宇宙ステーション（ISS）上にジャクサ（JAXA）こと宇宙航空研究開発機構（当時はナスダ（NASDA）こと宇宙開発事業団）が製造した日本実験棟への初めての公募観測装置として全天X線監視装置マキシ（MAXI）を提案し、その開発製作の中心的役割を果たした。

ヘティが目的としたガンマ線バーストは宇宙最大の爆発現象として知られるもので、一九九〇年半ばの段階ではその起源はまったく不明だった。本書でも紙幅を割く通り、今ではその理解が飛躍的に進み、それにはヘティ・プロジェクトの貢献も大きい。マキシはその名の通り、全天をX線で観測することで、宇宙での爆発現象を世界に先駆けていち早く発見する。二〇〇九年に実現し、現在も世界に観測データを発信している。事実、宇宙にあまねく爆発現象の観測には、爆発によって生じる高エネルギーの電磁波、つまりX線（とガンマ線）の観測がもっとも適しているものだ。

一見、自由奔放にエネルギー放出している宇宙の爆発現象の中には、自然の秩序やメカニズムがひそむ。本書では、さまざまな宇宙の爆発現象を、マキシとヘティの成果も織りこんで最先端の観測研究の現場での経験をもとに、紹介していく。爆発を宇宙のロマンと見るもよし、人類がそこからいつか何かを得る可能性と見るもよし、あるいは比較しておだやかな地球に生きる幸運に感謝する人もいることだろう。その受け止め方は人それぞれだ。

本書を校正しているとき、米国の重力波観測チームが重力波を初めて検出できたと発表した。この歴史的な論文によると、二〇一五年九月一四日に太陽質量の三六倍と二九倍の二つのブラックホールが合体して六二倍のブラックホールになったとき重力波が出たとしている。この天体までの距離は一三億光年ほどと決められたが、その方向は、誤差領域が大きい。一方、重力波は〇・五秒ほど続き正確な時刻がわかっている。そこで、各種の望遠鏡が重力波を出した天体を探索した。その結果、光とX線ではこれに対応する天体は見つからなかった。ガンマ線では弱い増光があったものの、統計上まだ確定できない。しかし、将来、技術の向上によって、エネルギーを重力波で出す壮大な爆発をするもう一つの〝爆発を好む宇宙〟を見せてくれるだろう。

目次

第一章　宇宙は爆発天体でみちている

(1) 爆発天体のエネルギー源

爆発には何らかのエネルギー源が必要だ。天体爆発の元となる主なエネルギー源は、電磁場（電気と磁気の及ぶ領域）のエネルギー、原子核エネルギー、重力エネルギーの三つがある。ほかに特殊なものとして、高速に回転する天体のエネルギーや移動する天体の運動エネルギーもあるが、それらは元をただせば重力エネルギーのことが多い。現実にはこれらの二つや三つが組み合わさって、爆発をひき起こしていることも多い。まず、宇宙の爆発天体や現象を、これらエネルギー別に分けて、ざっと眺めてみよう。

身近な宇宙の爆発現象に、太陽表面で爆発する太陽フレアと呼ばれるものがある（第二章）。宇宙の星の中には、太陽フレアよりはるかに巨大な星フレアを出すものも存在する。実際、二つの星が接近し合っている近接連星系からのフレアや、恒星が進化して強い磁場をもつ白色矮星のフレアは、太陽に比べ一〇〇万倍にも達するものもある（第二章、第三章、第四章）。これらの爆発で重要な役割を演ずるのは電気や磁気だ。後述する一部の中性子星では、さらに極端に大きな磁場が中心的役割を果たしている場合もある（第五章、第八章）。

電気や磁気の次に天体の爆発で重要な役割を演ずるのは、核融合爆発によるものだ（第三章、第五章）。昔から知られている新星がその典型的なものだ。新星は、太陽の一〇〇分の一の半径にして太陽程度の質量をもつ白色矮星と呼ばれる星の表面で起こる水素の核融合爆発である。この爆発規模が大きくなると、星全部が吹き飛ぶ超新星爆発の一種になる（第七章）。

白色矮星よりも重く小さい半径をもつ天体に中性子星とブラックホールがある。これらの天体では、核エネルギーよりも強力な重力を爆発エネルギーの源とする。天体に落ちこむガスがその落下のエネルギーを爆発的に放出するものだ（第五章、第六章、第九章）。

宇宙で短時間に起こるもっとも大きな爆発は、重い星が爆発する超新星だ（第七章）。これは、星全体がつぶれる重力崩壊をきっかけに、重力エネルギーに加えて膨大な核エネルギーを発生するものである。宇宙最大の爆発と呼ばれるガンマ線バーストも、元をたどれば、その多くはこの種の超新星の爆発によって引き起こされた爆発の一種だ（第八章）。

天体の衝突も大きな爆発現象の一つだ。重力エネルギーから運動エネルギーを得て衝突する現象は、隕石や彗星が地球や惑星に落ちる身近なものから、中性子星同士の衝突（合体）や中性子星とブラックホールの衝突などの劇的なものもある。後者はガンマ線バーストの原因の一つと予想され

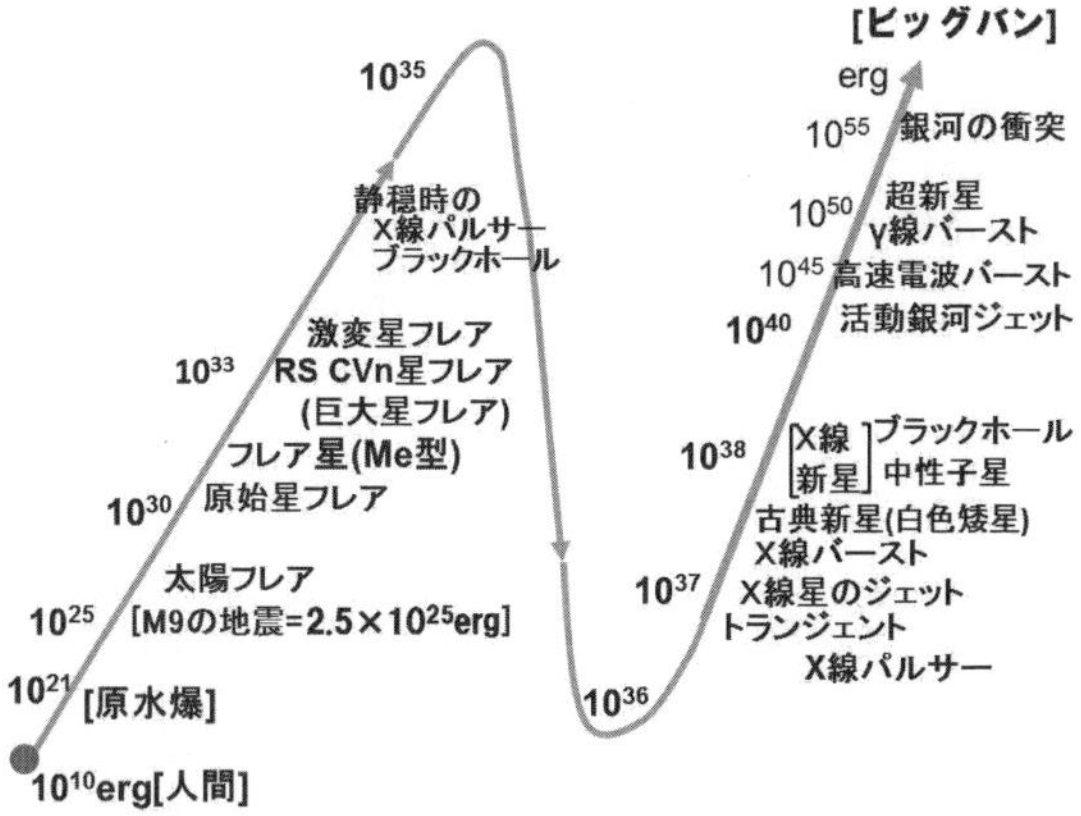

図 1.1　爆発天体の階層

数値の単位は erg（エルグ：1 エルグ＝2.4×10^{-8} カロリー）とした。爆発エネルギーの比較としてマグニチュード 9.0（＝2.5×10^{25} erg（エルグ）＝6×10^{17} カロリー）の地震を挙げておく。概念的に示したもので、同じ爆発でも大きな幅がある。

ている（第八章）。ブラックホール同士の衝突も宇宙では起こるだろう（第九章）。私たちの住む銀河系にも、その中心には巨大なブラックホールがある。同じような銀河は宇宙に一〇〇〇億〜一兆個もある。実際、広い宇宙を眺めると、そんな銀河同士の衝突の現場も観測されている。

何よりも大きな爆発は私たち宇宙の誕生で起こったビッグバンだ（第十章）。このビッグバンがどのように起こったかを知るには、一回きりの爆発をたどる必要がある。最近の研究ではそれを観測でたどろうとしている。

最新の宇宙物理学では、これら太陽表面の爆発からビッグバンに至るまで、あらゆる階層の爆発（**図1・1**参照）について詳しい研究がなされている。本書では、この動的な宇宙、特に爆発する天体を取り上げ、最先端の新しい宇宙像を覗いてみよう。

(2) 爆発はX線で見つけやすい

宇宙のあらゆる物質は、その温度に応じて、電磁波を放射している。一般に熱放射と呼ばれ、なかでも物質の密度が大きい場合は黒体放射と呼ばれる。熱放射される電磁波の波長は、その温度によって異なる。たとえば太陽の表面温度はほぼ六〇〇〇度だ。その温度で放射される電磁波の波長は可視光に対応しているため、人間の目で知覚できる。あるいは軍隊などで使用される暗視装置のある種のものは、人体がその体温に応じた熱赤外線を放射しているのをとらえるものだ。一部のヘビにはその機能が生来備わっていて、夜間に小型哺乳類を捕食するのに役立つ。

宇宙で起こる爆発は、その規模も温度も幅広い。しかし、爆発というからには、きわめて高温の現象が多く、一〇〇万度を超えるものも少なくない。場合によっては一億度を超えるものもある。この温度範囲では、放射される電磁波はX線帯域になる。可視光は、少なくとも直接光としてはほとんど放射されない。

逆に、温度が相対的に低い天体からはX線はほとんど放射されない。そのため、X線を放射する天体の数は限られる。夜空を見上げれば一目瞭然のように、無数に近い宇宙の恒星すべてから可視光が放射されているのとは対照的だ。つまり、X線を出すような天体は、そもそも爆発している天体といってよい。

また、宇宙現象の観測の場合、天体と地球との間の星間塵のために可視光は吸収されてしまうことがある。たとえば、われわれの銀河系の中心部は巨大ブラックホールをはじめ大変活動的なことが知られているが、可視光ではまったく見通すことができない。そこで透過力の強いX線の出番だ。

以上のような事情で、X線観測こそ爆発天体の研究に格別適しているものだ。X線観測の発展にしたがって、現代では爆発天体の研究がさかんになってきているのは、偶然ではない。

なお、X線よりもさらにエネルギーの高いガンマ線でもしばしば爆発が検出できる。しかし、ガンマ線を放射するほどエネルギーの高い現象は、スケールの大きい宇宙とはいえさすがに限られ、X線を主に出す爆発天体に比べて数はずっと少なくなる。加えて、現実的に、ガンマ線で見える爆発のほとんどはX線でも観測できる。

そこで、本書では、主にX線で宇宙を観測してわかってきた爆発天体や、宇宙の爆発現象の興味深い話を紹介していこう。

（3）広い視野をもつ観測装置で爆発天体を探る

アマチュアのコメット（彗星）ハンターも、新星ハンターも、視野の広い望遠鏡で、一晩のうちにできうる限り空の広い領域を観測し、新天体を見つける努力をする。このため、見える空を広く観測できる広視野の望遠鏡が欲しいところだ。ただ、どんなに高性能の望遠鏡を用意しても、地上からの観測という大きな制約はどうしようもない。たとえば昼間は観測しようがない。

　地上からの（光学）観測でそのような制約があるのは、雲も含めてひとえに大気があるためだ。雲がまったくない空であっても、大気が、太陽光なり月光なりあるいは人工の光を反射するため、昼間は観測不可能で、条件次第では夜でも観測が制限される。

　地球の大気圏外に出れば、そのような制限の多くから解放される。大気がないため、光を反射するものもなく、したがって、三六〇度のほぼ全天を二四時間観測できる。宇宙ステーションから宇宙を撮った写真を見たことがあるだろうか？　宇宙ステーションからだと、昼、つまり太陽が見えている時間でも、夜でもほぼ関係なく、星空がきれいに写る。もちろん、邪魔な雲も霧も存在しない。

　さて、X線天体観測は、地上から行うことは不可能だ。地球大気がX線（やガンマ線）を吸収して止めるため、天体からのX線は地表まで届かないからだ。そのため、X線望遠鏡あるいはカメラを軌道上に打ち上げて天体観測する。宇宙ステーションをはじめ人工衛星の軌道は、高度五〇〇キロメートル、つまり地表から地球半径の一割足らずしか離れていないことが少なくない。[注1]　そのような地球に近い軌道では、瞬間瞬間では、全天のほぼ半分は地球が覆っていることになる。しかし、その場合でも、衛星が地球を一周する間（高度五〇〇キロメートルであれば約九〇分）にはほぼ全

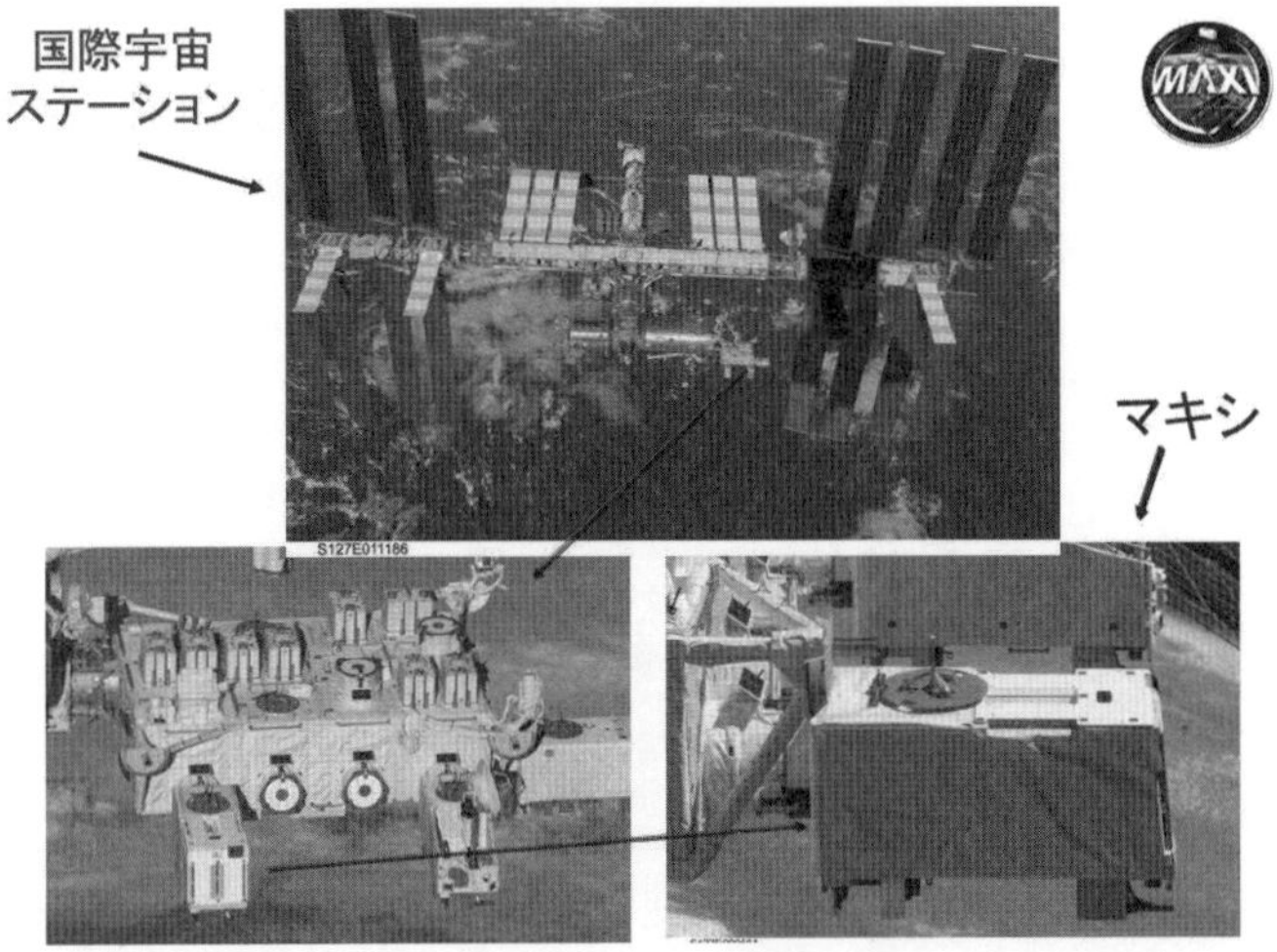

図 1.2　国際宇宙ステーションとそこに搭載された全天 X 線監視装置
2009 年 7 月マキシ（MAXI）取り付け直後にスペースシャトル・エンデバーから撮影された画像（NASA 提供）。

天を観測することが原理的に可能だ。〟X線新星ハンター〟を目指した広視野X線監視装置にはうってつけの環境である。
　天体観測には、狭い視野を高角度分解能の装置で観測するタイプと広い視野をまんべんなく観測するタイプの二つがある。前者は、たとえばデジカメでズームしたのと同じく、細かい構造までよくわかる一方、必然的に視野が狭くなる。どんなに明るいX線新星が現れても、X線望遠鏡の視野に入らなければそもそもその新星の存在にさえ気付かない。いつ、どこで爆発するかわからない天体をとらえるためには、広い視野で常時観測しながら待ち構えていなければならない。今までほぼ五〇年の歴史をもつX線天文学で、その目的に特化して、主なものでも四台の全天X線監視装置が活躍してきた。図**1・2**に国際宇宙ステーションに取り付けられたマキシの写真を示した。

二〇〇九年八月から現在に至るまで、歴史的には四代目にあたるマキシ（MAXI）と名付けられた全天X線監視装置が、国際宇宙ステーション上にて稼働している。マキシは、一六〇度をカバーするスリットX線カメラで、国際宇宙ステーションが地球を一周回（九二分周期）する間に、全天の約八五パーセントの空を観測できる。一日かけるとほぼ九〇パーセント、二週間ほどすれば、残りの一〇パーセントも含めて全天くまなく走査できる。

これまで、マキシチームは五〇〇を超えるX線を放射する爆発天体、または変動する天体を見つけ、世界に向けて速報し、詳細な観測を呼びかけてきた。もちろん、マキシ自身でも相当の情報が得られるが、特定の目的に優れた高性能の、またさまざまな波長（X線はもちろん、光、赤外線、電波、ガンマ線）の望遠鏡で協力して観測することで、総合的な研究ができるという次第だ。本書で紹介する天体の爆発現象には、マキシも貢献した最先端の研究が数多く含まれている。短時間だけ輝く天体現象の研究は、歴史も浅く、ホットな話題でいっぱいだ。

マキシの誕生

全天X線監視装置マキシ（MAXI）は、一九九七年から正式に準備開発し、二〇〇九年に打ち上げられて、国際宇宙ステーション（ISS）の日本実験棟「きぼう」に取り付けられた。**図1・2**はそのときスペースシャトル（エンデバー）から撮影したものである（NASA提供）。ここで、マキシ誕生物語を紹介しよう。

ISSは、有人の大型衛星として構想から三〇年ほど経過した。もともとは米国の国威発揚だった計画が、当時のソビエト連邦の崩壊があって結局、米・ロが協力した一大国際プロジェクトになった。建設は一九九八年にはじまり日本の実験棟「きぼう」は二〇〇八年に取り付けられた。大構造の宇宙飛翔体を建設したこの大プロジェクトでは多くの宇宙工学的成果が得られている。同実験棟の科学研究では、有人に関わる医学実験、生物（微生物から小動物、植物）の微小重力実験、物質の微小重力場での振る舞い（化学、結晶、燃焼、流体など）などの研究がされている。地球や宇宙を見る船外実験施設（曝露部）では地球観測と宇宙観測ができる。

その最初の宇宙観測機器として全天X線監視装置マキシが選ばれた。ISSは乗合バスのため、姿勢や運用の点で制限が多い。有人ロケットのドッキングや高度の修正などで、ISSは回転したり、でんぐり返しをしたりすることが時々ある。ISSの太陽パネルや船外活動のロボットアームがX線観測の視野を遮ることもある。マキシはこのような不利な条件を克服して、全天のX線天体の変動を監視できる特徴をもっている。マキシのプロジェクトは、企画・建設にその前の研究準備を含めると、一五年ほどの紆余曲折を経て実現した。

なお、マキシの設計思想の一部については、第七章（5）の囲み記事を参照されたい。

（4）激動する宇宙を探る

全天X線監視装置の重要な役割は、X線新星をはじめとしてX線強度が変動した天体を見つけ、その位置や明るさをただちに世界の天文学者や天文台に通報することである。マキシの場合、明るいX線新星やバーストでは、位置決めから通報まで自動的に行うこともある。一方、雑音と紛らわしいものは、関係者がすみやかにデータを解析して確認してから通報する。報告を受けて、興味をもった天文学者やグループが、視野は狭いが高性能のX線望遠鏡、（地上の）光学望遠鏡、電波望遠鏡などでそれぞれの判断でじっくりとした観測を行う。

最近は、地上の天文台でも、このような爆発天体あるいは強度が変動した天体の発見の報告を受けたあとに短時間で観測できるシステムが、次に述べる二つの方法で整ってきた。

一つは、光学望遠鏡でも数度〜一〇度と比較的視野が広く、小型で機動性の高い望遠鏡が各地に設置されている。その多くは、インターネットを通じて発見の報告があるやいなや、そのおおよその位置情報をもとに、自動で動くタイプのものだ。視野が広いため、初期報告の位置に多少誤差があっても、対応天体が明るければそれをとらえて詳しい観測ができる。

もう一つは、機動性のよい大型の望遠鏡だ。ハワイ島とチリのセロパッチョンの山頂にはそれぞれジェミニ（北と南に双子のように設置された望遠鏡）と呼ばれる口径八・一メートルの望遠鏡がある。これは米国を中心とした七カ国の国際共同で運用されているものだ。ジェミニは、突発天体や天体現象に対応しているため、条件が合えばすぐ観測される。実際、秒を争うガンマ線バーストの対応天体観測キャンペーンに参加していくつかの光学対応天体を同定し、天体の距離を決めるなど成果を上げてきた。

このようにあわただしくても、爆発間もないX線新星や、変動が激しく起こっている間にその天体を詳しく観測することは、最近重要になってきた新しい天文学である。実際、もたもたしていると宇宙の爆発現象の本当の姿はわからない。こうして、まったく新しい宇宙像が形成されつつあり、今後のさらなる発展も期待されている。これまでの静かな宇宙の観測だけでなく、激動している宇宙の観測が拓かれてきたのだ。どの天体も多かれ少なかれいろいろ時間変動をし、進化することが、宇宙の姿なのである。

等級と光度

天体の明るさを表現する用途で、いくつかの用語がある。混乱することはなはだしいことに、日本語の関連用語は、同じ用語が使用分野によって意味が変わることがよくある。本書では、原則として、天文学で使われる意味でそれらの用語を用いる。誤解を避けるため、ここで、本書で使う関連用語の意味をまとめておく。

〝（見かけの）等級〟とは、空気の澄み切った場所で、地上から天体を目で見たとき、すなわち可視光で見たときのその見かけの明るさを示したものである。物理的には、可視光のある帯域（たとえば赤色や青色）において、天体から単位時間あたりに送られてくるエネルギーを単位面積あたり（たとえば目の大きさ）で受け取る量を表す。歴史的には、目で見える限りでもっとも明るい星々を一等星、もっとも暗いものを六等星とした。等級が五等級異なれば、明るさ、つまり受け取るエネルギーが一〇〇倍異なる、と定義される。だから、変光星で「明るさが五等級変化した」と表現すれば、それは、明るさがエネルギー的に一〇〇倍変化したことを意味する。〝等級〟は対数的に増加あるいは減少すると定義されるため、一等級小さくなれば、明るさは約二・五倍大きくなる。今では、エネルギーをもとに等級は厳密に定義されているため、小数点を使うことも許され、また人間の目では暗すぎて直接見ることができない七等星以下の暗い天体も、たとえば一二・三等星などと表現する。

　可視光以外の帯域の場合、たとえば電波やX線やガンマ線では、人間の目では知覚できないため、可視光帯域で定義された等級は意味をなさない。そこで、等級と同様に、〝ある帯域において、天体から単位時間あたりに送られてくるエネルギーを（望遠鏡の）単位面積あたりで受け取る量〟をフラックス、厳密には観測フラックス（observed flux）と呼ぶ。フラックスの辞書における日本語直訳は光束であるが、測光学と天文学とでその意味が異なるのが混乱を招く。天文学において、電波帯域やX線帯域では、同様の意味として、慣習的に〝（観測）強度〟という表現を用いることが多い。本書においては、この意味の用語として、原則として、X線、ガンマ線および電波帯域については〝（観測）強度〟、可視光帯域は〝等級〟を用いることにする。また、〝明るさ〟も同じ意味で用いる。したがって、たとえば、〝明るくなった〟とは、（見かけの）等級が小さくなったことあるいは観測強度が増加したことを指す、とする。

　さて、天体の明るさ、つまり見かけの等級は、天体がどれくらい地球から遠いかによって、大きく異なってくる。具体的には、明るさは天体への距離の二乗に反比例する。たとえば太陽は地球から約一億五〇〇〇万キロメートルの距離にあるが、もし太陽が一〇倍の一五億キロメートルの距離にあれば、その明るさは一〇〇分の一に見えることになる。そこで、天体自身が発している放射量またはエネルギーを表す用語として、天文学では〝光度〟(luminosity) という用語を用いる。〝光度〟とは、〝ある帯域において、天体が単位時間あたりに (全方位に) 放射するエネルギーの総量〟を意味する。測光学の同一の用語〝光度〟(luminous intensity) とは意味が異なることに注意されたい。実は、世の中には、天文学でも〝光度〟を〝観測強度〟という意味で使う用法も存在するのが、さらに混乱を招く。本書で使う〝光度〟は、一貫して、先に定義したように天体本来の放射量の意味とするので、注意して頂きたい。

光の天文学になじみのある読者は、〝絶対等級〟という用語を聞いたことがあるかも知れない。〝光度〟は、〝絶対等級〟と意味的には同じである。ただし、〝光度〟の方は可視光帯域に限らず、どの帯域でも一般的に使われる用語だ。たとえば、〝電波光度〟とは電波帯域で、ある天体が単位時間あたりに (全方位に) 放射するエネルギーの総量を指す。

以上を簡単にまとめると、(ある帯域で) 天体が単位時間あたりに放出する放射総量を〝光度〟と呼び、それを地球の観測者が受け取ったものが、〝明るさ〟、〝(見かけの) 等級〟、〝(観測) 強度〟となる。

なお、一般論としては、天体の光度が増せば、見かけの明るさ、すなわち観測強度も増す。逆に、観測強度が変化したとき、天体の光度が変化したのだろうと解釈するのは自然だ。しかし、例外も少なくなく、たとえば日食はその最たる例だ。そこで、しばしばこの二つの用語を使い分ける必要が出てくる。

1　本書でも何度か登場するチャンドラ衛星をはじめ、はるかに高い軌道を回っているX線観測衛星もある。ISSの軌道は、地球からのアクセスが頻繁に行われるため、高度三八〇～四六〇キロメートルに保たれている。本文では五〇〇キロメートルと単純に記述した。

第二章　星の大気で起こる爆発

(1) X線では荒れ狂う太陽表面

まず初めに、日頃親しんでいる太陽に出現するフレアを取り上げよう。〝フレア〟とは別称〝太陽面爆発〟、読んで字のごとく、星の表面での爆発現象のことである。

太陽は、つねに地球にさんさんと光をふり注ぎ、あまり変化がないように見受けられる。地球上に季節があるのは、太陽光が地上に差す角度が地球上の緯度と時期によって違うというだけであり、北半球と南半球とを平均すれば、太陽自身の光に変化はない。有史以前の地質学的な時間軸で見ても、温暖化や寒冷化の時代はあったものの、太陽はほぼ変化なく輝いてきたようだ。人類を含めて生物にとって、太陽こそ不変の象徴で、それを無意識に前提としている。だから、まれに皆既日食が起きたときには、鳥は歌をやめ、人間もその昔は恐れおののいたという記録が各地に残っている。

ところが、その変化しないとされる太陽をX線で観測すると、すっかり違った様子が見えてくる。

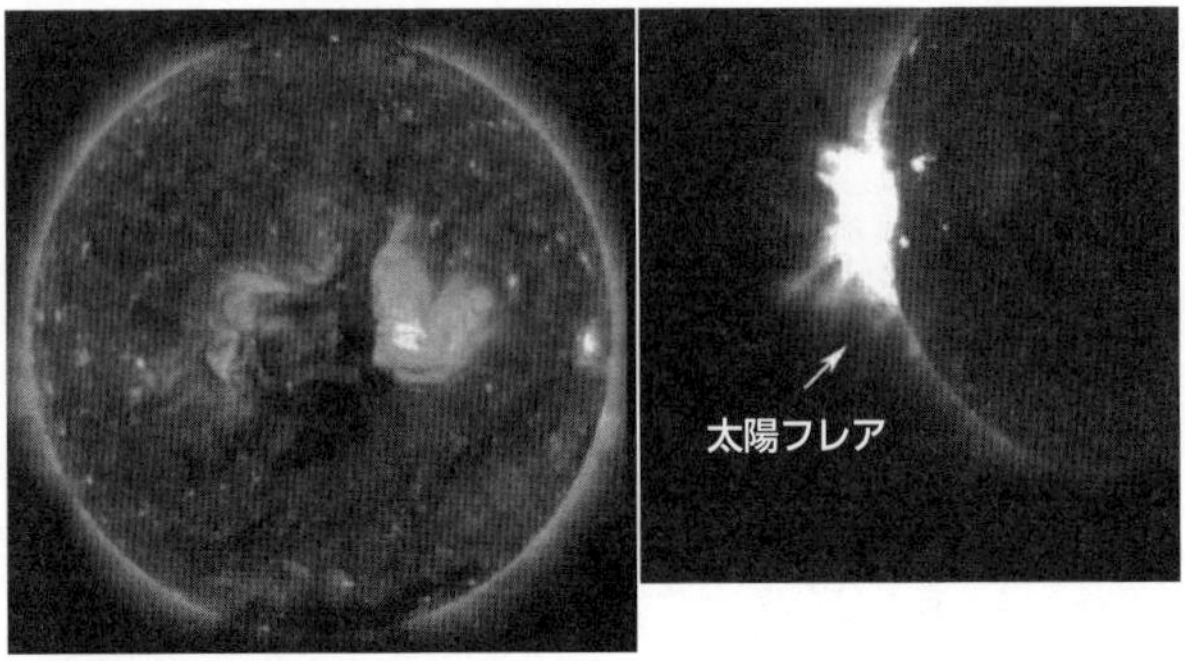

図 2.1　太陽フレアの X 線写真

宇宙科学研究所の「ひので」の太陽 X 線望遠鏡で撮った太陽フレア。白っぽく輝いているところは X 線が強いところである（JAXA/ISAS、国立天文台写真提供）。

変わりないどころか、激動しているといってよい。なかでも、活動的な時期には、太陽表面から吹き出るアーチ状のループがX線で見える（図2・1）。そのループから高温ガスが時折、爆発してジェット状に放出される現象が太陽フレアと呼ばれる。これらの活動の様子は普通の可視光線で見ているだけではよくわからなかった。X線や電波で観測して初めて、太陽面での爆発現象がよく見えてきた。

太陽フレアからは強い電波やX線だけでなく、高エネルギー粒子も放射される。地球では、それら高エネルギー粒子は、太陽宇宙線として観測される。電波や高エネルギーの粒子がフレアに伴って観測されるということは、何らかのメカニズム（次節を参照）が働いて電子や陽子やさらには原子核が高エネルギーまで加速されることを意味する。ループの一部の領域ではガスが一〇〇〇万度を超える温度に加熱され、X線が放射される。また、その加速された電子や原子核が太陽大気に突入したとき、X線やガンマ線、そして中性子が放射されることもある。

太陽フレアは、大きいものでは地球の一〇倍以上になり、放出エネルギーも膨大である。なかでも活動期になると、そんな規模の爆発が太陽面では日常茶飯事で起こっている。しかし、可視光線で見ると、ほぼ定常に放出している光の方がはるかに強い。太陽フレアで出るエネルギーは、大きなフレアでも定常に輝く可視光線の〇・一パーセント程度に過ぎない。したがって可視光線では、定常に放出されている光にかき消されてしまって、フレア変化はほとんど見えない。一方、X線や電波では、定常時は太陽はごく暗い。かつ、フレアでは、定常の放射と違って、可視光線以外に高エネルギー粒子やX線などの他波長で放出される分も多い。だから、フレアのときに出るX線や電波は普段に比べて何万、何百万倍の強度になって、ひときわ目立つことになる。太陽の爆発現象を観測するには、X線や電波が優れた手法なのだ。

日本は、二〇一五年現在も活躍中の「ひので」をはじめ、過去には「ひのとり」「ようこう」と、計三機の太陽観測衛星を、それぞれの太陽活動期に打ち上げ、たくさんのデータをとって世界の研究をリードしてきた。これらのデータは国際的にも注目されるような新しく興味ある結果をもたらしている。

なお、太陽宇宙線やX線・ガンマ線はいずれも人体に好ましくない放射線だが、幸いに地球大気上層ですっかり吸収されるため地上の生物には影響が及ばない。例外は宇宙ステーションで活躍する宇宙飛行士で、万一、船外活動中の宇宙飛行士が二〇〜三〇年に一回起こるような巨大な太陽フレアにさらされると、放射線障害を起こす危険性はある。また、太陽宇宙線が上空の電離層を乱すことで、地球上の電波通信や電波を受信する電子機器に悪影響を及ぼすことはしばしばある。現代の文明生活が携帯電話をはじめ電波通信に強く依存することを考えれば、それが重大な問題を引き起こすことがあり得るのは想像に難くない。日本にも宇宙天気情報センターがあるのはそのためだ。X線にて太陽フレアの消長を監視することには、そういう実用的な側面もある。

(2) 磁場でつくられる太陽フレア

太陽フレアのエネルギーの源泉は何だろうか。

肉眼でもよく見れば、太陽にはしばしば黒点が出現する。そんな黒点の出現の頻度には一一年の周期があることは昔から知られていた。実は、太陽フレアの頻度にも同じ一一年の周期があり、フレアがさかんに出る太陽活動期には、太陽表面に黒点が増えるのが観測される。黒点とは、強磁場が太陽表面に局所的に出たり消えたりする現象のあらわれだ。太陽の磁場はほぼ一一年ごとに北極と南極が逆転するため、赤道付近に、小さめの磁極が黒点となってあちこちに出現する時期があるものだ。

そもそも、太陽の磁極の反転も、小さい磁極の出現や消失も、太陽が自転していることに由来する。固体の地球の場合、赤道上でも日本でも北極圏でも自転周期は変わらず、一日である。しかし、ガスでできた太陽の場合、緯度によって自転周期が異なる（差動回転と呼ぶ）。赤道上で二七日なのに対し、両極の近くでは三〇日を超える。太陽は電離したガスでできているが、それが差動回転することで電力が発生し磁場ができ、またその発生した電磁場によって差動回転が影響を受ける、という複雑な状況が生じている。黒点の出現と消滅とはそのあらわれという次第だ。

黒点ができると、周辺の磁力線に沿って、しばしばループが生成される。しかしこの磁力線は差動回転の影響も受けて不安定で、よく移動したり、隣の磁力線とつなぎ替わったりする。磁力線が急につなぎ替わると、大きな電磁気エネルギーが発生する。これは、発電機において磁石を回転させて周りの電線に電気を生み出すのと同じ原理だ。ただし、通常の発電機と違って固体ではなく、すべてがガスの渦でできているため、不安定で複雑だ。結果、太陽では、このときに爆発的に粒子が加速されたり、時にはそれがジェット状に放出されることになる。それが太陽フレアだ。

太陽フレアのエネルギー規模は想像を絶する。大きなものになると、広島型原爆の一〇〇〇億〜一兆倍にも達するものもある。しかし、そんな太陽フレアが赤子のように見えるフレアを出す星が宇宙にはたくさんある。次節では、変光星から出る巨大な星フレアを見てみよう。

太陽フレアの大きさ

核爆弾は、エネルギーの放出量という意味で、人類がつくった中で最大のものだ。人類が製造した最大の水素爆弾は、広島型原爆の五〇〇〇倍を超える威力（エネルギー放出量）がある。それでも自然の力には到底及ばない。たとえば、地球で起こる爆発的現象のもっとも大きいものは地震であるが、先の東北地方太平洋沖地震の放出エネルギーは、最大級水爆に比較しても五倍ある。過去一世紀の最大の地震は、そのさらに五倍、つまり水爆の二五倍に達する。

宇宙現象に至っては、さらに桁違いだ。太陽フレアは東北地方太平洋沖地震のエネルギーを一〇〇分の一秒で出してしまう。そして太陽フレアでさえ、宇宙で起こっている爆発のもっとも小さいひとつにしかすぎない！　自然のエネルギーは膨大で人間がいかにチッポケかがよくわかるだろう。自然は爆発を好む。それをよく知り、謙虚に防災を考えることが人類の賢明な生き方であろう。

（3）連星系変光星で起こる爆発

❶りょうけん座の変光星の仲間から巨大なフレア

太陽から離れて、夜空にきらきら輝く星は数え切れない。天の川も無数の星の集まったものである。これらの星々からはロマンティックな暖かさは感じられても、実際の熱さは体感できない。たとえば太陽を一万倍の距離にもっていくと光の強度も熱さも一億分の一に弱ってしまうからだ。そして、もっとも近い星でも太陽の二〇万倍の距離、離れている。だから、これらの星をX線望遠鏡で眺めても、そのフレアを精度よく観測することはきわめて難しい。

ところが宇宙には、太陽フレアに比べて一万倍とか一〇〇万倍にも及ぶ巨大フレアを起こしている星がたくさんある。しかも太陽フレアと違って、これらの巨大フレアでは、可視光線の放射よりもはるかに大きなエネルギーをX線で放射している。これらの星は、太陽より少し進化して半径が大きい星（準巨星とか超巨星）と太陽に似た星とが連星を形成していて、しかも、連星の公転周期が数日の近接連星である。なかでも有名なのが、近接連星系の原型ともいうべき変光星りょうけん（猟犬）座RSで、公転周期四・八日の連星だ。同種の星を総称して、りょうけん座RS型変光星と呼ばれる。

連星周期が短いことは、二つの星が表面大気すれすれに回っていることを意味する。地球と月（公転周期約一カ月）、あるいは太陽（公転周期一年）、と比較すれば、これらの近接連星系の公転周期数日がどれほど短いか、見当がつくだろう。くわえて、星の半径は、地球の一〇〇倍を超える。つまり、これらの近接連星系では、二つの巨大な星がおそろしく近くをお互いに高速で公転しているわけだ（**図2・2**参照）。

そのため、二つの星の上層のガスや、磁力線が影響し合って大きなフレアが起こりやすくなって

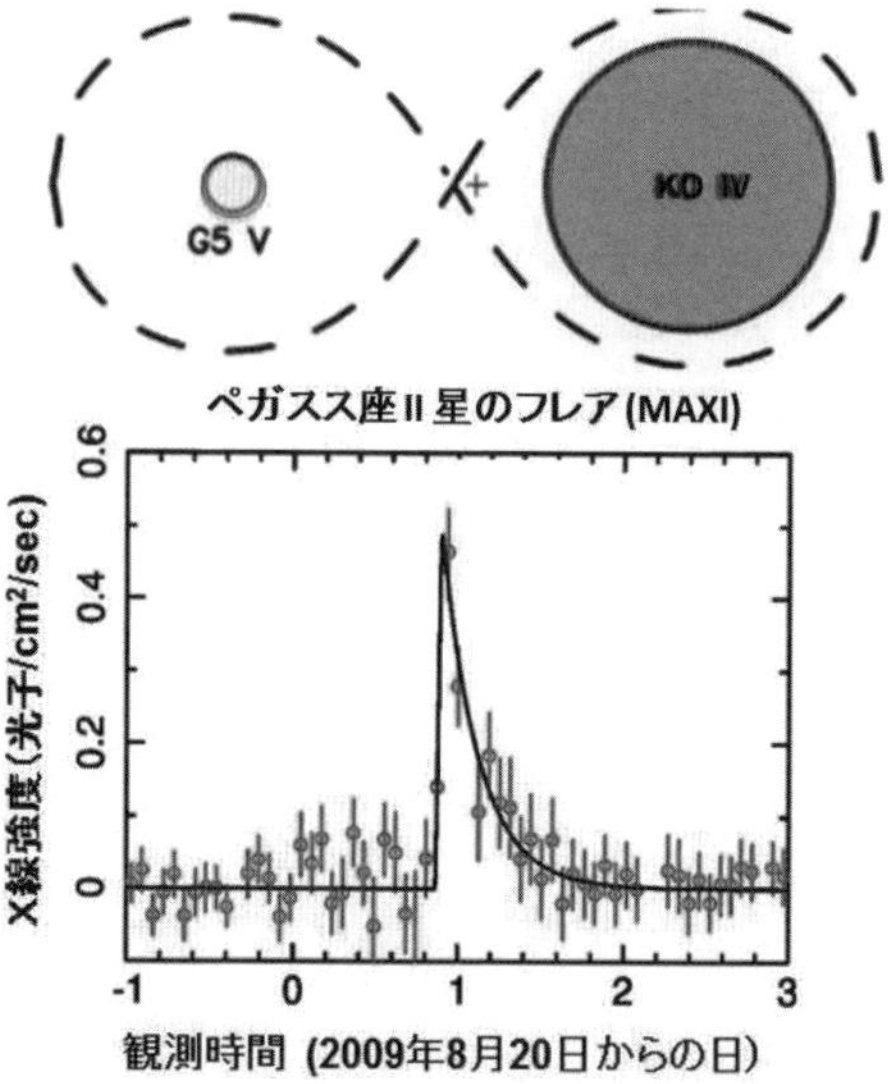

図 2.2　星フレアの例

マキシが観測をはじめて以来、予想外の結果の一つに、変光星として知られていた星から 1 日ほど続く大きなフレアが検出されたことがある。この観測データはペガスス座にあるペガスス座Ⅱ（アイアイ）という変光星からの X 線フレアの 1 例で、太陽フレアに比べ 10 万倍ほどの規模のものだ。ペガスス座Ⅱ星は巨星と太陽ほどの星とが近接連星系を形成したもので、りょうけん座 RS 型変光星の一つである。単独の星と比べ、連星系でははるかに巨大なフレアが発生することがわかった（坪井ほかマキシチーム提供）。

いると思われる。実際、連星運動で回転していると、星の自転だけでなく、公転によっても磁力線のつなぎ替えが起こるだろう。また、連星天体では、磁場自体の規模も大きいため、大量のエネルギーが放出される。太陽フレアの一〇万～一〇〇万倍もの規模のフレアが起こることも珍しくない。これら巨大フレアは、X線だけでなく、電波や光でも検出されるほどだ。

りょうけん座RS型変光星は、今では、太陽系から五〇〇光年以内に一〇〇個ほど見つかっている。とはいえ、こういった星の巨大フレアは観測の歴史がまだ浅く、太陽のフレア以上にいつ起こるか予測できない。予測できない爆発を待つため大きな望遠鏡を使って一つずつ観測しても、フレアをとらえる可能性は少なく虚しい。大きなフレアは、同じ星から一年にせいぜい二～三回しか起こらないからである。そこで、マキシのような全天X線監視装置の出番になる。これまでマキシは五年間全天を監視してきて五〇例を超えるりょうけん座RS型変光星の星フレアをとらえてきた。二つの太陽が触れ合わんばかりの距離でお互いに回っている近接連星系で起こる巨大フレアとは、想像するにも魅力的なテーマといえるだろう。

❷悪魔の星のパラドックス

りょうけん座RS型変光星の仲間ではないが、ペルセウス座にアルゴルと呼ばれる星がある。アルゴルはアラビア語で〝悪魔の星〟を意味する。肉眼でも変光が見てとれる数少ない星の一つで、一説には三〇〇〇年前のエジプトではすでに周期が知られていたといわれる。

アルゴルは、二・九日の連星周期をもつ。連星の二つの星は太陽の質量の三・七倍と〇・八倍と、大きな違いがある。この二つの星は同時に誕生したと考えられるが、軽い星がはるかに進化した準巨星になっている。これは、かなり奇妙な状態だ。というのも、星の進化の常識では重い星ほど速く進化するのに対し、アルゴルではそれが逆になっているからだ。二〇年ほど前まではアルゴルのパラドックスとされてきた問題だ。

マキシはこの星から巨大なX線フレアをとらえた。二〇一〇年一二月三一日、大晦日の晩だった。天体現象には大晦日も元旦もない。マキシチームはこの星のX線爆発を見つけて興奮するとともに、その重要性を理解し、世界の天文学者に速報の電報（電子メール）を発行したものだ。

アルゴルは通常の星と巨星との近接連星系のため、りょうけん座RS型変光星型と同じような巨大なX線フレアが起こる可能性はあった。しかし、これまでこの星からはこれほど大きなX線フレアが見つかったことはなかった。筆者も含めて、大晦日から元日にかけて、思わぬ発見の喜びを味わったものである。

前述したアルゴルのパラドックスは、今では、連星の二つの星は同時に生まれたものの、重い星の方が先に進化してからガスの放出をすることで軽い星になったものと解釈されている。これは主に光の観測データを使って理論的に説明されたものだ。しかし、なぜ特にアルゴルでそのような進化を遂げたかの謎がまだ完全に解明されたわけではない。たとえば、先に述べたりょうけん座RS型変光星の連星系の二つの星は常識的な進化を遂げたものだ。

マキシが発見した星フレアは、お互いの星の大気層で発生するものとして、二つの星がもつ磁場の生成の謎を解くための貴重なデータを提供することになった。その後、マキシの六年間の観測でアルゴルからのフレアは九個検出され、今も研究が続いている。

(4) 自転が速いと大きなフレア？

一般論としては、天体が重ければ重いほど、たとえば磁場も強く、より巨大な爆発現象が起きやすいと考えたくなる。しかし、太陽と同じように単独の星の中で、太陽よりも軽いながら、太陽の一〇〇倍～一〇〇〇倍もの大きなフレアを出すものがある。同じくらいの質量のほとんどの星はなんの変哲もないことに比べ、特異なものだ。

特徴として、これらの星は、太陽に比べて一〇倍ほども速い自転をしていて、そのためか、星の周りに円盤状のガスを伴っている。高速自転のために、フレアの原因となる磁場ができやすく、大きなループができると考えられる。実際、自転周期が速い星ほどフレアの活動が高い、という相関がありそうだ。

この種類の単独の星から、マキシは五年間に二〇個ほどの大きなフレアを検出している。りょうけん座ＲＳ型変光星とは別に、大きい星フレアを出す仲間を形成している。りょうけん座ＲＳ型変光星より一〇〇分の一から一〇〇〇分の一と小さいフレアのため、観測されるのはほぼ三〇光年以内のものに限られる。りょうけん座RS型変光星のフレアとこの高速自転型単独星のフレアの違いがわかってきたのも最近にすぎない。

こうして、宇宙には太陽フレアよりもはるかに大きな星フレアがあることがわかってきた。今後のさらなる観測と研究の発展が期待されるところだ。

(5) 若い星はとにかく元気！——核融合で輝く前にも爆発

❶原始星——星の赤ちゃん

太陽のような単独星で、質量に似つかわず大きなフレアを出す星の種類がもう一つある。星の赤ちゃんというべき原始星だ。

恒星が誕生するときは、まず星間物質が集まり、自重で収縮した結果、内部が高温高圧になって、最終的にそこで核融合反応に火がつくことで本格的に輝きはじめる。その段階で星として成人した、といってもいいだろう。

実際は、内部で核融合が起こる以前から、熱いガス球になって輝き出す。ガスが重力で収縮して中心に向かって落ちこむとき、たくさんの重力のエネルギーを放出し、これが外に運ばれるからである。ガス全体が高温になり、光でも見えるようになるのだ。その時期、集まってくるガスは回転しながら落ちこむため、できたての星はぐるぐる回転（自転）するなかで、あちらこちらに渦ができる。それらの渦では、高温のガスが電離したプラズマ状態になっている。

このような混沌とした電離ガスでは、ところどころに電気も発生し、磁場も生まれる。各所でできる渦で発生する磁場はループ状になって、隣のループとぶつかり合ってくっついたりつなぎ替わったり反発したりする。そのとき、爆発的にエネルギーが放出される。ある場所で突然磁場が消失しても生成されても、変化した磁場に相当する電磁エネルギーが発生するためだ。原始星では絶えずこのようなフレアが起こっている。このフレアは太陽のフレアに比べて一〇〇〜一万倍と桁違いに大きく、まだ核融合が起こっていない原始星も、X線で観測すると立派なフレアを出す変光星に見える。

オリオン座の三つ星の近辺には原始星がたくさん集まっている。しかも三〇〇光年ほどの近い距離にあるため、原始星の観測に最適な領域の一つだ。一九八〇年前後、本格的なX線鏡をもつ米国のアインシュタインX線天文衛星で、この領域が初めて詳しくX線観測された。そのX線写真を見た研究者は、原始星があちこちで時とともにフレアを起こしている様子に感嘆し、「クリスマスツリーの電光がきらきら輝くようにきれいだ」と表現した。それ以前の光の観測だけではわからなかった原始星の活動の様子が、X線観測で初めて浮かび上がってきた瞬間だった。

❷おうし座T型星——成人前の星

オリオン座の原始星のようなできたての星は、パチパチと比較的小さなフレアをくりかえしていることがわかった（前節）。しかし、それら原始星ではりょうけん座RS型変光星ほどの大きなフレアは起こっていないようだ。幼い子供はせわしなくひっきりなしに動き回っている、という感じだろうか。そんな原始星も、成長して大人に近くなった頃には、落ち着いて大きなフレアを時々出すようになる。

核融合が起こる直前まで進化した子供星がうみへび（海蛇）座にいくつかある。うみへび座は春の南天に現れる一番長い星座だ。ここにある原始星の一群はうみへび座TWAと呼ばれ一〇個以上の星を含む。うみへび座TWAへの距離は五一光年と、子供星が集まった領域として地球からもっとも近いものだ。

マキシも二〇一〇年九月一五日、その七番星（TWA－7）から巨大なX線フレアを検出した。その大きさは太陽の通常のフレアに比べ一万倍にも達した。一時間ほど輝いた後、二時間で消えていった。この星はまだ内部で核融合は起こっていないが、自転していて渦巻きができていると考えられる。その渦巻きでできた磁場をもったループがはじけて（たぶん磁力線がつなぎ替わったりして）、膨大なエネルギーが爆発的に出ることで、フレアを起こしたものと考えられる。

この種の星の仲間はおうし座T型星（Tタウリ型星）と呼ばれ、星が核融合で本格的に輝く直前の段階にある。銀河系内にも数多くあり、ガスや塵でできた円盤を引き連れながら自転し、光や電波を発している。その円盤は原始惑星系円盤と呼ばれ、やがて惑星が生まれる場所と考えられている。ただし、マキシがTWA－7星で見つけたような巨大フレアが起きている限り、仮に惑星ができきても生命誕生にはあまりに苛酷な環境ではあろうが……。

太陽フレアの研究に限れば、ここ三〇年ほどの間に詳しい観測がなされ、フレアのメカニズムの理解などで大きな進展があった。一方、遠くの星で、太陽フレアの数万倍の規模のフレアが発生するメカニズムはまだわかっていないことが多い。いつ起こるか知れないという観測上の困難もあって、観測データもまだまだ不足している。

とはいえ、原始星などの若い星からのX線フレアの理解は、この半世紀で飛躍的に進んだ。半世紀前には、原始星でフレアが起こることさえ誰も知らなかったのだから。太陽も核融合がはじまる前には巨大なフレアを起こしていたに違いない。そのうち惑星が誕生する頃には中心で熱核融合も起こり、フレアの活動も次第に静かになって、地球に生命も誕生できたのだろう。

(6) 巨大太陽フレアは起きるか？

宇宙は広い。

実は、太陽に似た星の中にも、太陽よりも一〇倍も一〇〇倍も大きなフレアを出している星がいくつか見つかっている。太陽のような星では通常は起こらないこれらのフレアはスーパーフレアと名付けられて研究されている。ただし、それらスーパーフレアは今のところすべて可視光線による観測に限られるため、X線でそれ相当に大きなフレアであるかどうかはまだ確認されていない。マキシのこれまでの限られた観測ではあるが、これまで述べたような単独の星で出る巨大フレアが太陽と似た星からマキシで観測された例はない。スーパーフレアが観測されている太陽に似た星の多くが遠いからでもある。今後の観測に期待したい。

遠くの星でスーパーフレアが起きる分にはかまわないが、万一、わが太陽でそんなスーパーフレアが起こって、X線もそれ相当に放出されることがあれば、地球に多大な影響があると予想できる。幸い、地球に高等生命が誕生してからは、生命が絶滅するほどの太陽スーパーフレアは起きていないようだ。しかし、一時的な気候変動へ影響を及ぼす程度の規模のスーパーフレアならば長い地球史にはあったかも知れない。太陽がこれからもっと年を経ていくと再び今よりもずっと大きなフレアが起こることもあるのだろうか。

最近のマキシの星フレアの観測からは、太陽に似た条件の星が発生するスーパーフレアは、現在の年齢の太陽ではきわめて起こりにくいことはわかってきた。少しは安心材料になりそうだ。とはいえ、気まぐれな自然の振る舞いを完全に予測することは困難なため、天文学者の絶え間ない地道な研究が期待される。天文学者がいろいろな星のフレアを調べることは、太陽や惑星の長期にわたる進化を理解することでもあるのだ。

第三章　白色矮星で起こる爆発

⑴ 激変星と白色矮星

宇宙には連星が数多くある。連星になっている二つの星が見え隠れすることで、地球から見たときの光の明るさが変わり、変光星と呼ばれる。変光は軌道周期で決まるため、通常、見え隠れする光の変化は規則正しく周期的だ。

しかし、可視光で規則正しく変光していても、X線で観測すると違って見える連星系がある。前節に述べたりょうけん座RS型変光星やアルゴル型変光星のような近接連星がその一例で、しばしば巨大なX線フレアを発生する。

一方、宇宙には、白色矮星、中性子星、ブラックホールといった極端な星が存在する。これらを総称してコンパクト星と呼ぶ。

コンパクト星では、その表面での重力による落下エネルギーが、普通の星に比べてはるかに大きい。そのため、もし連星系の片方の星がコンパクト星であれば、大きな変光が起こり得る。コンパクト星にガスが落下するときには、しばしばガスが一〇〇万度をゆうに超える高温に熱せられて、そこでX線を放射する。そのガスの落下のパターンは不規則であるため、コンパクト星を含む連星系からのX線放射は、お互いに見え隠れする規則的な変光よりもむしろ、不規則な爆発的変光に支配されることになる。

本章では、コンパクト星の手始めとして、白色矮星の話からはじめる。白色矮星は、コンパクト星の中では、一番おとなしい部類に入る。それでも、コンパクト星表面の落下エネルギーは普通の星とは桁違いであることに変わりはなく、そこで起こる爆発現象もスケールが大きい。どんな爆発現象が起きているか、順に見ていこう。

白色矮星と普通の星が連星となった天体は、可視光の波長で見える爆発をしばしば起こすものがある。不規則、または準周期的に、可視光で二〜三等級のフレアをくりかえすことが多い。このため、可視光での観測もさかんだ。これらは普通の変光星より一段と激しいということで、激変星と呼ばれている。激変星は、白色矮星の質量や、磁場の強さ、それに連星の相方の星によっていろいろな形態を見せる。なかには、可視光での明るさが静穏時の数千〜数万倍のフレアを起こすものもあり、これらが特に新星と呼ばれる。ただし、新星は激変星に分類されていなかった白色矮星との連星からも多い。

白色矮星は強い磁場をもっているものも多くあり、相方の星からガスが降りこむとき、強い重力エネルギーに磁場まで加勢して、X線で輝く。〝激変〟の名が示す通り、いつ爆発的なX線増光が起こるかわからないこれらの激変星を監視するには、全天X線監視観測が有効な手段だ。しかし、激変星のX線光度はそれほどには大きくない。前章で解説した星からの巨大フレア程度だ。違いは、フレアがほぼ継続して起こっているようにX線を放射することである。これらは太陽フレアに比べると桁違いに強いとはいえ、あとで述べる中性子星やブラックホールを相方にもつ連星系に比べると一〇〇〇分の一とか一万分の一にすぎない。そこで、もっぱら距離が近いものが詳細な観測の対象になっている。ここでは、激変星の中でも特に激しく変動する一つの例を取り上げよう。

ペルセウス座GKという一三等星ほどの暗い変光星がある。これは白色矮星と太陽よりも進化した恒星とが二・〇日の周期の近接連星になっている激変星だ。一九〇一年には新星爆発を起こして〇・二等星、つまり全天屈指の明るさの星になった記録もある。ほかのほとんどの激変星の軌道周期が数時間以下なのに対し、ペルセウス座GKの軌道周期は二日と長いため、地上から、軌道周期全体を観測するのは容易ではない。昼には当然、観測できないので、経度の異なる複数の晴天の地点から観測する必要があるからだ。その点、マキシのような宇宙からの観測に利がある天体といえる。

ペルセウス座GKは二〇一〇年三月に光で急激に増光し（その現象をアウトバーストと呼ぶ）、最大で三・五等ほど増光する状態が一〇〇日ほど続いた。当時、マキシもこの天体を継続的に観測していて、X線で一〇倍（二・五等に相当）ほどの増光をとらえた。これは新星の爆発とは違うメカニズムが働いたものと考えてよい。

背景はこうだ。可視光で見つかる新星（〝古典新星〟）は、白色矮星の表面に溜まったガスが水素爆弾に似た核爆発、つまり爆発的核融合を起こして光るものだ。可視光帯域では、静穏時に比べて一〇等級以上の増光を示す。しかし、新星の爆発時にX線で観測しても、多くの場合、X線は検出できないほど弱い（本章（3）でその機構を詳説）。この種の新星は超新星とともに、突然輝くため現代天文学形成以前から人々に親しまれてきた意味も込めて、古典新星と呼ばれることが多い。

一方、ペルセウス座GKのような激変星では、光でもX線でもよく増光する。これは、新星の爆発的核融合とは異なり、重力エネルギーの解放によると考えられている。激変星では、白色矮星に相方の星からガスが流れこむ。そのガスは渦巻いて白色矮星の周りに円盤を形成する（この種の円盤については第五章（3）❺で詳説）。その円盤の内端から、時に、白色矮星に急激にガスが降り注ぐことがある。そのときに爆発的に重力エネルギーが解放されることで、ガスの一部が一〇〇〇万～一億度超にまで熱せられて、X線が放出される。本章（3）で詳しく見る古典新星と違ってX線を出す高温領域を覆うガスが厚くないためX線も出やすいようだ。

つまり、同じ激変星からのフレアといえど、時によってその機構は大きく異なることがある。多波長観測によってそれらの違いを見極められる好例といえよう。

白色矮星

白色矮星は太陽と同じくらいのサイズの普通の恒星のなれの果ての姿だ。以下に、白色矮星が生まれるまでの大まかな過程を解説する。

星は、ガスから生まれて進化（成長）した天体で、その初めに集まったガスの質量で最期の姿が異なる。星が光るのは、前章で述べたように、集まったガスの内部での核融合反応による。その核融合を起こして維持するためには、大変な高温高圧環境が必要で（だから地球上で核融合を実現するのはきわめて難しい）、それをつくり出しているのは自己重力による収縮圧だ。しかし、核融合によって外向きへ膨張する圧力が発生するため、星が自己重力で無限に収縮することはなく、両者が自然につりあいを取る。

核融合によって星のガスは、中心部から、軽い元素から順に少し重い元素、さらに重い元素へと転換をとげていく。重い元素ほど、高温の核融合反応が起こり外への膨張圧力が増す一方、反応を維持するためにはより高温高圧の環境を必要とする。星内部の軽い元素が燃えつき、重い元素の核融合へと移行するにしたがい、核融合による外への膨張圧力がさらに増し、星は膨張をはじめる。たとえばおうし座アルデバランのような赤色巨星がこの段階にある。膨張すると、熱力学の法則にしたがって必然的に内部の圧力が下がって冷える。

十分に重い星の場合、結局自重による自己重力が打ち勝って内部の高温高圧が維持されることで重い元素の核融合が継続される。しかし、軽い星の場合、核融合が重い元素へと移行するに伴って、そのうち内部の核融合の膨張圧が勝り、星がさらに膨張する。そうすると、内部の圧力と温度が下がり過ぎて、重い元素の核融合反応が維持できなくなる。そのため、内部の軽い元素がいずれ燃え尽きた段階で、核融合反応が止まる。こうして軽い星では、高温でしか核融合を起こさない酸素、ネオン、マグネシウムのような物質が残されることになる。

核融合が止まれば、核融合で出た熱による膨張圧力がなくなるため、自己重力により星は収縮に転じる。このとき、星の密度が高くなるが、無限には収縮できない。ある程度密度が高くなると、物質を構成している電子群が量子効果を発揮して収縮圧へ対抗する。この収縮に対抗する力が、電子の〝縮退圧〟と呼ばれている。これは、圧縮しても一定の空間には限られた数の電子しか詰めこめないという量子力学の法則によるものである。この電子の縮退圧で支えられている天体が、白色矮星である。

白色矮星の大きさは星の質量によって異なるが、大まかには地球と同程度、つまり太陽半径の一〇〇分の一程度、そして密度は一立方センチメートルあたり約一トンとなる。

なお、この縮退圧にも理論的な限界があることが知られている。もし星の質量がある程度以上あると、自己重力による収縮圧を、電子の縮退圧では支えきれなくなる。そこから、白色矮星の最大の質量は太陽質量の約一・四倍と計算されている。

この限界の質量は、見出したインドの天文学者の名前をとってチャンドラセカール限界質量と呼ばれている。量子力学が確立されて間もない一九三二年の昔の研究だ。当時、二二歳の若き研究者の出した結果を、量子力学を十分には理解していなかった当時の天文学の大御所もにわかには信じなかったという。チャンドラセカール（S.Chandrasekhar）はこの研究を中心にした業績で一九八三年ノーベル物理学賞を受賞した。また、一九九九年に打ち上げられた米国の大型X線衛星チャンドラの名称は、氏にちなんで名付けられたものだ。

(2) 超軟X線源（SSS）

SSSと名付けられた新種の天体が一九八〇年代に発見された。SSSはスーパー・ソフト・ソース（超軟X線源）の頭文字をとったものである。X線帯域では、相対的に波長が長い、つまりエネルギーが低いものを〝軟らかい〟、〝軟X線〟、または英語で〝ソフト〟と表現する（囲み記事で詳説）。

SSSとは文字通り、きわめて軟らかいX線を放射する天体だ。

　SSSの研究に大きく貢献したのは、ドイツのX線天文衛星ローサットだ。ローサットには軟X線に感度が高い高性能のX線望遠鏡が搭載されていた。その特徴を生かして、大マゼラン星雲やアンドロメダ星雲を観測した結果、軟X線がきわめて強く出ている天体を二〇個以上も見つけた。その後、同様な天体はわが銀河系内でもいくつか発見されている。その温度は三〇万～五〇万度にすぎず、普通のX線天体が少なくとも数百万度、時には数億度に達するのに比べて、スーパーに〝軟らかい〟（温度が低い）。

　〝軟らかい〟だけならば、ほかにも天体は数えきれないほどある。SSSが特異だったのは、変動が激しく、フレアが持続し、しかも極端に明るかったことにある。最高光度は太陽質量の星の理論的最高値（エディントン限界光度：第五章（3）❷で説明）にも達した。中性子星連星系とブラックホールをのぞき、太陽質量の星でこれほど明るいX線天体はほかに存在しない。このため、〝超〟明るく輝く〝軟らかい〟天体として新しく分類された。

　このSSSを詳しく調べると、白色矮星と通常の星との近接連星系であることがわかった。白色矮星の近接連星系の分類にSSSが加わったのである。

　SSSの白色矮星は比較的重い。それに相方の星からガスが供給され、ある程度溜まったとき表面で水素を主とする熱核融合爆発が起こる。もし、爆発の規模が大きいと、そのガスが吹き飛んで膨張し、光の新星（古典新星）になるが、そのとき、X線はほとんど出ない（前章参照）。しかし、ガスがそれほど吹き飛ばず、爆発の衝撃波が外側のガスを五〇万度ほどに加熱し、その一方で爆発が比較的長時間継続するのがSSSというのが、今の有力説だ。光の新星と似てはいるものの、大変強い〝軟X線〟が長く継続して放射されるか、そうでないかの大きな差がある。白色矮星表面で、注入されるガス量と水素の核融合が続く微妙なバランスが保たれるようだ。表面で核融合爆発が続いても、それほど吹き飛ばないのは、白色矮星の質量が大きいために重力で引きとめているからとされる。

SSS発見以前は、熱核融合が持続的に起こるのは星の内部だけと考えられていた。しかし、白色矮星の表面では、条件が整えば核融合が比較的安定に実現されることがわかったのだ。

SSSとは実に便利なエネルギー源ともいえる。水素ガスを切らさなければいつまでも燃え続ける窯のようなものだ。ちなみに、地上で研究されている核融合発電の最大の問題は、長時間にわたる持続性がいまだ実現できないことにある。実験室での核融合の閉じこめは磁場で行おうとしているものの、これが極端に難しいのだ。一方、宇宙では、核融合を磁場で閉じこめているものはない。すべて重力で閉じこめている。スケールの大きい宇宙だから可能な話だ。

軟らかいX線と硬いX線

天文学では、分光という観測手法がよく使われる。光の天文学であれば、プリズムを用いて色ごとに光を分けて見るのが分光だ。天体の温度と光の色とはきわめてよい相関があるため、分光することで天体の温度がわかる。現代では、分光観測で得られた光のスペクトルを精査して、そこに見られる輝線や吸収線を測定することで、特定の原子や分子の量や温度などの状態を調べることもできる。分光観測は現代天文学になくてはならない手法だ。

X線も原理的に可視光と同じ電磁波なので、分光観測によって〝色〟分けしてスペクトルを得ることができる。X線の場合、相対的に波長が短いものを硬い（硬X線またはハード）と表現し、逆に波長が長いものを軟らかい（軟X線またはソフト）という。波長が短いX線は、光でいえば〝青い〟ことに相当し、X線光子のエネルギーが高い。逆に波長が長いX線は、光の〝赤い〟ことに相当し、X線光子のエネルギーが低い。X線のスペクトルを調べることで、天体の温度や元素組成がわかることも可視光と同じだ。ただし、温度一〇〇〇〜二万度の天体から放射される可視光に比べ、X線を放射する天体の温度は桁違いに高い。目安として、数千万度以上の温度が高い天体からはハードな硬X線が主に放射され、数百万度と温度が（相対的に）低い天体からはソフトな軟X線が放射される。

(3) 古典新星の爆発時に観測されたX線の閃光

白色矮星連星系の各節の最後に、ごく最近の二〇一一年にマキシが発見した、古典新星の爆発初期のX線閃光の話をしよう。

古典新星は、詳しく見ると、以下のような過程で起こるとされている。古典新星とは、主星[注1]からの水素の多いガスが白色矮星に流入し堆積して、爆発を起こす現象だ。白色矮星の表面は通常の星に比べ重力がはるかに大きいため堆積層の下層では圧力と温度が高くなる。このため、やがて下層から先に水素の核融合反応が起こる臨界点に達する。下層で発生した爆発的核融合反応は、上層の堆積層を押し上げることになる。白色矮星の質量が小さいと、臨界点に達するのに時間がかかるため、爆発がはじまる頃には、その上に堆積層がかなり厚く積もっているだろう。その場合、爆発によって押し上げられた厚い上層部が膨張することで、上層部の表面からの放射が光の新星として見えることになる。そして爆発後、数日~数十日経って可視光で一〇等級ほど増光した後、一〇〇~数百日で新星の輝きが消える。可視光が弱くなるのは、飛び散った上層部のガスが拡散することで冷えるためだ。一方、その白色矮星表面の核燃焼から直接放射されるX線は、厚い堆積層に遮られるため、一般に外には放射されない。これが、よく知られた新星の一連の振る舞いだ。この種の新星を、X線新星と区別するため、しばしば古典新星と呼ばれている。

ところが、マキシが二〇一一年一一月一一日、小マゼラン星雲の方角に見つけた新星は少し違っ

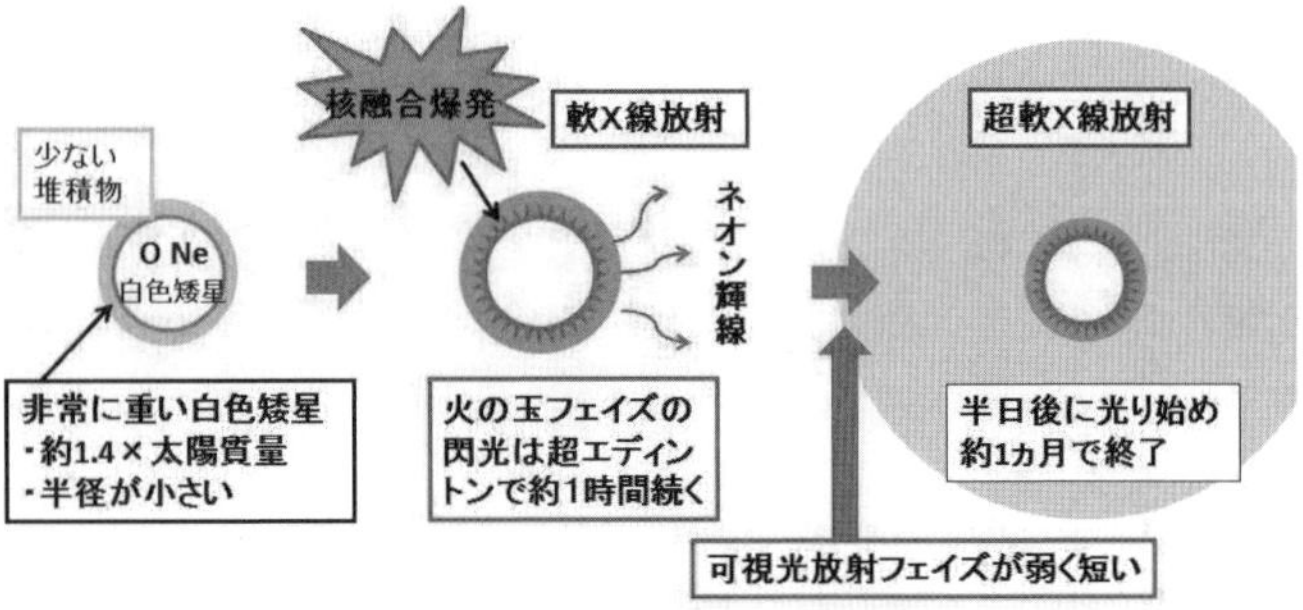

図 3.1　古典新星の X 線閃光

古典新星爆発は、主星から供給された物質が白色矮星の表面に堆積し、堆積層下部で温度と圧力が臨界点に達したときに起こる熱核融合反応による爆発である。マキシが見つけた MAXI J0158-744 は非常に重い白色矮星だったため、堆積層が詰まって厚くならないまま爆発したものである。このため、吹き飛ぶ層が少なく、核融合爆発そのものが軟 X 線の閃光として観測されたと考えられる。この閃光から約 300 万度の火の玉の存在が初めてわかった。

白色矮星が軽いと、堆積層が十分なガスで積み重なり、下層で爆発しても堆積層を持ち上げ膨張するため、核融合を起こした高温度の部分は見えない。一方、爆発で堆積層が膨張し可視光線の新星として出現する。これが普通の古典新星である。古典新星の見え方は白色矮星の質量の違いによって大きく異なる振舞いをする（森井ほかマキシチーム提供）。

た。まず、古典新星爆発の直後に白色矮星が出せるエネルギーの限界の約一〇〇倍、三〇〇万度に達するきわめて明るい軟X線の閃光を検出した。持続時間は一〇〇〇秒程度だったため、全天を監視しているマキシだけが検出したものだ。古典新星観測史上初めての新星爆発時のX線閃光の検出だった。

ＭＡＸＩ　Ｊ０１５８－７４４と名付けられたこの新星は、マキシの検出報告を受けて、多波長でただちに追観測され、確かに白色矮星の古典新星であることが判明した。ただし、爆発後一日以降の可視光の増光はせいぜい一・五～二倍程度と弱く、またX線では一〇〇万度以下の温度が見え、それも二～三日で消滅してしまった。通常の古典新星は光の光度が一〇等星ほど増光するが、このMAXI J0158-744はそれほど増光しなかったもので、古典新星でも増光に大きな差があることは、最近の研究でわかってきたことである。

これはどういうメカニズムだろう。**図3・1**を参考に説明する。

まず、マキシが見た三〇〇万度の閃光は水素の核融合爆発の起こった瞬間をとらえたものと考えられる。白色矮星の質量が大きいと堆積層が薄くて核融合が起こるため、核融合そのものの高温がむき出しに見えたのである。火のついた瞬間は〝火の玉〟の閃光を発した白色矮星を見たのであろう。その一日後から二～三日輝いたX線は、飛び散ったガスが少なかったため、白色矮星の熱核燃焼の残照が見えたものと解釈できる。これは先に述べた短時間だけ輝いたSSSと考えられる。

この解釈は、X線閃光の光度が極端に大きく、その後に見えたSSSフェーズが二～三日しか継続しなかったことから、通常の新星の理論では解かれていなかったケースだった。しかし、理論を拡張した一つの有力な見方は、この白色矮星の質量が（理論的限界である太陽質量の一・四倍（本章（1）囲み記事参照）を超えない範囲内で）きわめて重い可能性だ。白色矮星が重いと、堆積層が薄く、熱核融合の暴走（爆発）の初期に軟X線閃光として検出され、また同じ理由でSSSフェーズの爆発が長く続かなかったと解釈できる。このような重い白色矮星で起こる爆発の振る舞いは初めて見つかったことで、強力なX線閃光（火の玉フェーズ）がどうして見えたかも新たに理論が構築された。

なお、古典新星の多くは白色矮星の質量は限界まではいっていないため、降り積もったガス層が厚くなり、下層で熱核融合が起こっても厚いガス層のため、X線閃光は見えない。見えるとすると紫外線の閃光になり、降り積もったガス層が熱核融合で加熱され押し上げられて、大きく増光する新星になる。

今まで、全天のどこでいつ起こるか知れない爆発の、初期の一〇〇〇秒という短時間の振る舞いを精度よく観測する手段はこれまでほとんどなかった。このX線閃光の発見は、全天X線監視装置マキシの面目躍如だった。そして、同種の天体も見え方が違うという教訓も得られた観測例である。宇宙にはまだまだ未知の現象が数多くひそんでいることは疑いない。新しい観測手段によって、そういう未知の現象を発見、解明していくことは、天文学の醍醐味である。

1　連星系の場合、一般に、可視光で見て明るい方を主星と呼び、もう片方を伴星と呼ぶ。コンパクト星と通常の恒星との連星系の場合、主星である恒星を指して、ガスを供給するもの、という意味で、ドナーとも呼ぶ。なお、X線天文学では、コンパクト星と通常の恒星との連星系の場合、光学とは逆に通常の恒星の方を伴星と呼ぶこともしばしばあるが、本書では、一般的な光学天文学の用法にしたがっている。

第四章　天の川はX線でも輝いている

(1) X線の天の川の発見

月のない澄んだ夜、大空を横切る神秘に満ちた天の川を見て、その壮大な美しさに感動した人は多いに違いない。この天の川はきらきら輝く星とは違って淡く大空をまたがっている。その昔は、東洋では七夕の慣習に見られるように(天の)川と見なし、ギリシャではミル(英語のミルキー・ウェイの語源)と見なしたものだ。

天の川が本当は何が輝いているのか、肉眼で見ているだけではなかなかわからないのも無理はない。しかし、望遠鏡を使うことで、それははっきりする。肉眼で見える川あるいはミルクのような構造は、きわめて多くの淡い星が重なり合ったものだった。私たちの太陽系は、銀河系円盤の内部の、かつ中心からはかなり外側に離れた場所に位置する。だから、いて座方向にある銀河系中心の方角に向かって銀河系円盤を眺めると、無数の星が折り重なって見える。それが、夜空に広がる天

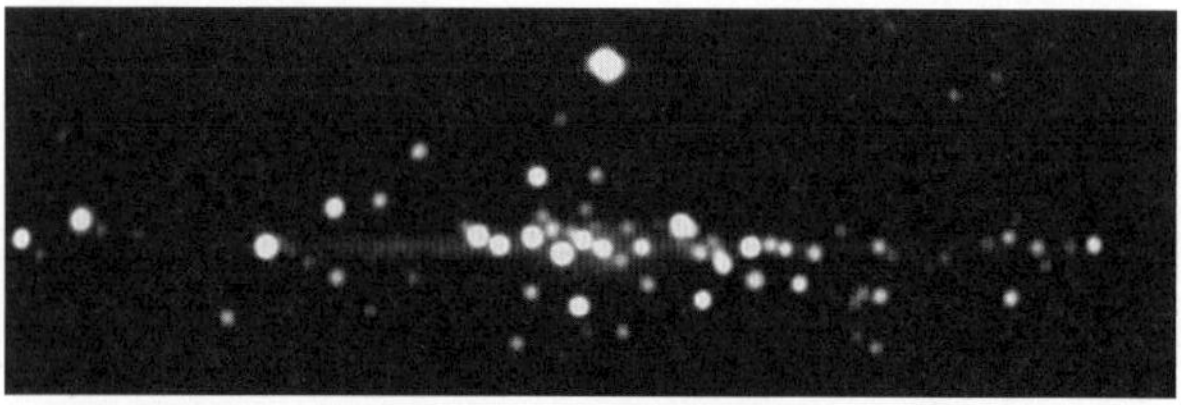

図4.1　X線の天の川

マキシで得られたX線の天の川（カラー口絵の全天X線画像の部分を切り出した画像）の観測画像を示す。丸い大小の点は、強いX線源で、大きさは強度を表す。X線の天の川はX線の点源を除いて、淡く輝いているX線である（中平ほかマキシチームおよび、JAXAと理研提供）。

の川だった。

さて、興味深いことに、X線でも天の川が見つかっている。一般に、X線と可視光とでは見ているものが異なる。実際、太陽のような普通の星からのX線は大変弱く、暗い。だから、X線で天の川が見えなくてはいけないとは限らない。

X線の天の川の存在が確定したのは一九八〇年代で、米国の高エネルギー天文衛星（HEAO－1）やヨーロッパのX線天文衛星（EXOSAT）の研究グループだった。銀河中心から両側に光の天の川とおよそ同じ位置に、X線でぼやっと延びて広がった放射があることが示された。

ついで一九八〇年代の半ば過ぎ、日本の「てんま」衛星（第二号X線天文衛星）や「ぎんが」衛星（同じく第三号）を使って小山勝二らが、そのX線スペクトルは一億度近い高温のガス成分を含むことを発見したことで、このX線の天の川の話ががぜんおもしろくなった。その後、このX線の天の川の観測的研究はいわば日本のお家芸となり、続く第四、第五号X線天文衛星の「あすか」、「すざく」でも詳しい観測がなされた。マキシの全天X線画像でも、X線点源の背景につねにX線の天の川が浮かんでいる。以下、本章では、マキシの観測結果も含めて最新の観測結果とその諸説の解釈とをもとに、X線の天の川の正体に迫る。

(2) X線の天の川の正体は？

X線も可視光線も、天の川は銀河円盤方向にある。だから、銀河円盤にひろく広がる、あるいは分布する何かが光を放射しているはずだ。日本の衛星による発見からは、高温ガスが銀河円盤にあまねく広がっている、と考えるのがもっとも自然な解釈になる。

高温ガス雲が銀河円盤にあること自体は驚くにあたらない。たとえば、銀河系内の過去の超新星の残骸の少なからぬ数が、一〇〇〇万度程度の高温ガス雲を含む。しかし、X線の天の川には大きな問題が四つあった。

①X線の明るさが強い。
②一〇〇〇万〜一億度のさまざまな高温ガスからX線放射されている。
③マグネシウムから鉄に至る高温にさらされた元素特有の強い輝線が放射されている。
④自分では出せない冷たいガス特有の鉄のX線輝線が強い。

観測されたX線の天の川の温度と明るさとから、そのエネルギーの収支が計算できる。その結果、もしこれを超新星でまかなうとすると、ほとんど一年とか数年に一個の割合で超新星が銀河系内で起こっていないと供給できない計算になった。銀河系内の超新星は、多くても一世紀に二～三個とされるため、これはゆうに一桁以上、事実と異なることになる。超新星起源説は問題点①に当てはまりそうにない。かといってほかに有力説もなく、Ｘ線の天の川の正体はミステリーとされたのだ。

二一世紀に入り、四半世紀の謎解きに衝撃的に登場したのが、レヴニヴツェフらロシアのグループが提案した新説だ。銀河円盤内にＸ線を放射する活発な星がたくさんあるとすれば、それらの星の分布を重ね合わせることで、観測されるＸ線の天の川の明るさが再現できることを星の分布をもとに示したものだ。これは、可視光で見える天の川と同じ考え方だ。一個一個のＸ線天体は弱くても何百万、何千万と集まることで、全体としては川のように見えると考える。

ロシアのグループは、さらに、実際のＸ線観測を行って自らの新説の正しさを実証した。史上最高性能のＸ線望遠鏡をもつＮＡＳＡのチャンドラＸ線天文衛星で、ほんの数分角のごく狭い領域ではあるが、Ｘ線の天の川の一部を一〇日あまりもかけて観測した。その結果、それまで川のように見えていた構造のほとんど（同観測では八～九割）が暗い星のＸ線が寄り集まったものということがわかった。これにより、Ｘ線の天の川のＸ線強度の謎はついにほぼ解明されたのだった。

この結果は「銀河にあるコロナをもつ活動的な星と激変星が集まってＸ線の天の川を示している」とするものであった。Ｘ線の明るさの収支勘定（問題点①）の解決が最大の難問だったので、これは大きな進展ではあった。一個一個のＸ線強度は、第五章と第六章で述べるＸ線源に比べると一〇〇〇倍も一万倍も弱いものであるが、これらをたくさん集めればX線の天の川となるというものだ。なお、これらの星は、太陽に比べ一〇万倍も一〇〇万倍もX線が強いのである。

（3）星フレアは何かを語っている

さて、X線の天の川の最大の謎（X線強度）こそほぼ解明されたとはいえ、本章（2）の最初に挙げた残る問題点②③④の三つの謎はまだ解決されていない。それら弱いX線を出す天体（星）とは何だろう、という疑問が残る。実際、そんな星が大量にあるとは思われていなかったからこそ、ロシアのグループの新説は衝撃的だったものだ。チャンドラ衛星で検出したX線星が謎を解く性質をもっているのだろうか。本節では、マキシの観測データを使ってその疑問に迫った筆者らの取り組みを紹介したい。

マキシは一カ月に一個を少し上回る割合で星からのフレアを検出している。マキシの観測限界から考えると、それらはほぼすべて三〇〇光年以内の近くの距離にある変光星（第二章参照）からのものだ。一般に星では、太陽のフレアも含めて、弱いフレアほど多く発生する傾向が見られる。だから、マキシが検出できない遠くの星のフレアや弱いフレアまで含めると、わが銀河では数えきれないほど星フレアが発生していると考えられる。

最初に気付いたことは、星フレアを起こす星の種類が、ロシアのグループがX線の天の川を構成する星として挙げた星の候補と一致したことである。つまり、りょうけん座ＲＳ型変光星のような星コロナが活動的な星と、激変星が主力の候補であった。これらの天体は第二章、第三章で説明したようにＸ線を爆発的に出す。激変星は星フレアをかなり連続的に出していることが知られ、マキシでも観測されているが、りょうけん座ＲＳ型変光星に比べると数は少ない。

次に気付いたことは、星フレアと激変星の特徴は、マキシのデータとこれまでのほかの衛星の観測結果から次の三点に絞られる。

（Ａ）観測された星フレアの温度は一〇〇〇万～一億度を示す。
（Ｂ）各種の温度をもつ軽い元素から鉄元素まで特有の輝線を放出する。
（Ｃ）激変星はあすか衛星時代から観測されていて、中性の鉄の特性の輝線も放出する。星フレアからも時々中性の鉄輝線が検出されることがある。

この特徴は本章（２）の最初に挙げたＸ線の天の川の四つの問題点の②は（Ａ）に、③は（Ｂ）に、④は（Ｃ）に対応するものである。

定性的には星フレアと激変星による説明で、本章（２）の残る問題点を解決できるかも知れないと考えた。あとは定量的に詰めることだ。

そこで筆者は、マキシで五年間にわたって観測した星フレアの強度を集め、そこからマキシでは検出できなかったフレアまで含めて、天の川の星フレアの総量を推定してみた。その結果、観測されているX線の天の川の輝度にある程度寄与していることが示された。ただし、これはマキシで観測した六〇個ほどの星フレアから、天の川にある何千万個の星フレアの総量を推定したものなので、計算には大きな不確定さもあった。

一方、マキシでは、フレアを出す星のいくつかでほぼ定常に輝く成分（これをコロナ成分と呼ぶ）も観測されている。この成分と星フレアの成分のX線エネルギー放出の割合を調べた結果、りょうけん座RS型変光星では、コロナからのX線が約九割、大きなフレアのX線は約一割とわかった。これは観測されるエネルギー範囲によるため、もっともよく観測されている二～一〇キロ電子ボルトに限って調べたものである。

これに加えて、激変星は、普通の星ほど多くはないものの、ほぼつねにフレアを出して変動して輝いているため、寄せ集めるとX線の天の川に一・五～二割の寄与をしているようだった。

激変星は平均的には一億度ほどのフレアを出し、ほかの星の巨大フレアは四〇〇〇万～一億度ほどのX線を出していることがマキシの観測でわかった。これらの結果から問題点の②③の高い温度の成分は、激変星と星フレアでほぼ説明できることがわかってきた。

その根拠となる計算は、基本的に明るい星のフレア、つまり近い星の巨大フレアに基づいたものだった。暗い星、すなわち地球から遠い星でも実際にそれと同じような振る舞いをしているかどうかは確認したいところだ。そこで、マキシの星フレア解析チームはチャンドラ衛星の長時間観測データを入手し、解析してみた。チャンドラ衛星が分解に成功したX線星の一つ一つの時間変動の様子を調べたのだ。

その結果、それらＸ線星の一割程度もの星からフレアまたは、それに似た変動が見つかった。これはマキシが観測した大きな星フレアの数に相当する。つまり、マキシの結果に基づいた先の推定が、ずっと暗い（遠い）星でもあてはまることがわかり、筆者らの仮説が支持されることになった。Ｘ線天の川を構成するＸ線天体の高い温度の成分は、激変星と星の巨大フレアがかなり寄与していることがわかった。

ちなみに、ここで使ったチャンドラ衛星のデータは、（2）節で述べたロシアのグループが観測し、解析して報告したものだ。だから、一割ほどの数の星がフレアのように変動していることを発見することは、実はあまり期待していなかった。ロシアのグループは、Ｘ線天の川への全体的な明るさの寄与の算出に集中していて、個々の変動を気にしていなかったのだろうか、フレア的変動の存在を見過ごしたようだ。

ここで話を整理する。再度注意するが、星の巨大フレアと激変星でＸ線の天の川を説明できるのは高いエネルギーつまり温度の高い成分である。温度の低いかなりの成分は、比較的定常に輝く星のコロナから放射されるＸ線の重ね合わせの成分が必要である。このコロナの成分はＸ線の天の川のＸ線光度にすると約六割を超えることになる。したがって、二～三割が激変星と星フレアの寄与である。しかし、りょうけん座ＲＳ型変光星のコロナの温度は一〇〇〇万～三〇〇〇万度である。温度の低い成分やマグネシウムやシリコンのような軽い元素の輝線の放射には寄与できるが、鉄の輝線の放射は無理である。X線の天の川の一億度の成分や輝線は激変星と星フレアが担っている。

こうして、ロシアのグループが導いたX線の天の川を、激変星とコロナが活発な星の重ね合わせで説明したのは、次のようにいいかえることができる。「りょうけん座RS型変光星などのコロナの成分と星フレアの成分に加え、激変星がX線の天の川の約九割の起源である」となる。そして、それぞれの役割の分担は、まだ十分には定量的にわかっていないが、あえて割り振れば、コロナは六割程度、激変星と星フレアは三割程度（激変星は約二割、星フレアは約一割）の役割を演じているようである。

ここで注意すべきは、激変星と大きな星フレアは、近い天体からは観測がされているが、コロナの詳しい観測例はまだあまりない。特に、コロナと大きな星フレアの中間的な小さいフレアや温度の低い星フレアは、近い星でもマキシの観測限界のためデータがない。ほかの衛星でも系統的な観測がない。このため、今のところ、マキシで観測できない小さいフレアがコロナの成分に混じっていてもわからない。なお、この小さな星フレアについては、次の星コロナの節で再び考えてみよう。

(4) 星コロナ起源説

前節までの説明で述べたように、りょうけん座RS型変光星のようなコロナがX線の天の川の起源の成分で重要であることがわかった。そこで、星コロナとは何か、をここで考えてみたい。

りょうけん座ＲＳ型変光星のコロナの温度は、先にも述べたように、太陽に比べ一桁以上も高く、一〇〇〇万〜三〇〇〇万度に及ぶことがわかっている。しかし、このコロナの加熱のメカニズムについては観測的に研究がほとんど進んでいない。そこで、まず、近くの太陽のコロナの研究の現状を探ることにした。

太陽の表面から外側にかけて、コロナと呼ばれる薄い高温ガスが広がる。太陽表面がほぼ六〇〇〇度なのに対して、コロナははるかに高い一〇〇万〜二〇〇万度に熱せられている。その太陽コロナの起源として、二つの有力な説があり、まだ決着がついていない。一つは、太陽表面の磁場活動によってナノフレア（微小なフレア）が大量に発生してコロナを加熱している説である。もう一つは、磁力線の振動（アルヴェーン波）によって発生する大量の小さな乱流による加熱である。最近、日本の太陽観測衛星「ひので」等の活躍で後者に有望な観測結果がもたらされている。いずれにせよ、太陽表面から伸びた大量の磁力線の動きがコロナを加熱しているようだ。一個一個は小さな爆発（加熱される領域）であるが、大量に起こるため、ならされて観測が困難である。太陽コロナの起源、加熱機構については今後の太陽観測衛星の重要な課題の一つに挙げられている。角度、温度、時間の観測でさらに精密な測定器の搭載が計画されている。

一方、Ｘ線の天の川の主役になったりょうけん座ＲＳ型変光星のコロナは太陽コロナに比べて一桁を超える高い温度をもつ。もし、りょうけん座ＲＳ型変光星のコロナが太陽と同じような加熱機構で生成されているならば、太陽よりもずっと大規模なナノフレアか磁気波による乱流（どちらも

〝微小爆発〟と呼ぼう）が大量に発生していることになる。ここで、微小爆発を〝微小フレア〟と呼ばなかったのは、微小爆発は通常の星フレアとは質的に異なる発生メカニズムの可能性も考えられるからである。

もちろん、太陽のコロナの加熱機構に関わる微小爆発も将来の精密観測が必要な現状で、りょうけん座RS型変光星の微小爆発の観測情報はなく、これは仮説の域を出ない。しかし、これまでの星フレアの観測の結果、小さなフレアほど発生率が高いことはわかってきている。その事実から類推するに、りょうけん座RS型変光星などのフレア星で、大量の微小爆発が発生している可能性は大いにありそうだ。そして、そんな微小爆発がりょうけん座RS型変光星の大気を加熱して、太陽より高温の一〇〇〇万～三〇〇〇万度のコロナをつくっていることは考えられる。こうしてできたコロナは、巨大フレアによる硬X線への寄与と異なり、軽い元素からの輝線も強く出すことだろう。

こうして、幅の広い温度をもち、幅の広い元素の輝線の放射をしているX線の天の川の起源は、ある程度温度に幅のあるコロナと高温のフレアを出す激変星とさまざまな星フレアの多様な小さな〝爆発〟の集合によってなりたっているのだろう。

以上で本章（2）の初めに挙げたX線の天の川の問題点の①②③の三つは、一定の説明ができた。残るは、問題点の④である。

(5) 中性の鉄元素からの輝線放射の謎

X線の天の川の放射の説明で研究者を悩ませているのは、冷たいガスに含まれる電離していない鉄元素からの輝線（六・四キロ電子ボルト）が強いことである。この輝線を出すには、冷たいガスをこの輝線を励起できるエネルギーの高いX線か低エネルギーの宇宙線で照射しなければならない。実は、この輝線は、激変星や、星フレアでも観測されている。激変星も星フレアも爆発的に硬X線や低エネルギー宇宙線を発生している。これらが近くの冷たいガスを照射して六・四キロ電子ボルトの輝線を出していると考えられる。そこで、この量を計算してみた。激変星と星フレアのX線天の川への寄与は（3）節で述べたように二割か三割である。この寄与から期待される六・四キロ電子ボルトの輝線は観測の半分程度しか得られないことがわかった。何か別に冷たいガスを照射するX線か低エネルギー宇宙線が必要である。

その起源が一つ考えられる。それは、X線の天の川の中に多く存在する強いX線源による星間空間のガスの照射である。本章に続く章で中性子星やブラックホールと普通の星の連星X線源は強いX線を天の川に照射している。厳密な計算は複雑であるが、簡単な計算をしてみるとある程度の六・四キロ電子ボルトの強度を得られることがわかった。激変星と星フレアで足りなかった分をかなりの程度補うことができる。この計算は強いX線源と星間空間にあるガスや分子雲の分布を調べて、きめ細かい計算が必要である。さらにこの問題で厄介なことは、通常、X線源の強度が年単位で変動することである。たとえば、銀河中心のX線源の強度が昔強かったとすれば、これに照射された遠くにある冷たいガスが六・四キロ電子ボルトの輝線をだす。これは十分遅れて（数十とか数百年）私たちに到達するモデルも考えられる。

こうしてX線の天の川での六・四キロ電子ボルトの輝線の観測は、全体の構造だけでなく、局所的な領域からの観測も進んでいる。その解釈もさまざまなされている最先端の研究課題である。ここですべて説明できる問題ではないことをお断りしておく。

元素特有の輝線

各元素はそれぞれの温度で特有の輝線を放出する。高温になると、元素を構成する電子が温度に依存して電離する。精密スペクトル観測で各元素からの輝線を調べることにより、各元素がどの程度電離しているかを知ることもできる。X線領域の輝線は原子のもっとも内部の軌道にある電子が励起されたときに放出される。その輝線も電離度でエネルギーが変わる。そのときの電離度は元素によって異なるが、一〇〇〇万〜数千万度で、観測的には、各元素に特有の輝線を測定することで、その温度を推定できる。

一方、温度が低く電子が電離していない元素も、エネルギーの高いX線か、エネルギーの高い粒子でたたけばその元素特有のX線輝線が放射される。X線の天の川で問題になっている鉄元素が中性のとき、一番内側の電子をX線や粒子で励起させると六・四キロ電子ボルトの輝線が放射される。一億度ほどの温度にさらされた鉄元素は、原子核の周りの電子は一〜二個だけになる。このように高電離した鉄元素から六・七キロ電子ボルト（二個の電子になった鉄原子）とか、六・九七キロ電子ボルト（一個の電子になった鉄原子）の輝線が放射される。X線の天の川では鉄元素から出る六・四、六・七、六・九七キロ電子ボルトの三つの輝線が強い。鉄は宇宙に豊富な元素であるため、一般に天体からのスペクトルにおいて鉄輝線は強く出ることが多い。

X線の天の川のX線放射問題は、これで終わったわけではない。これまでの話は天の川X線のおおよその起源や構造を述べたにすぎない。天の川に流れ出る銀河中心近くの我が銀河の膨らんだ領域からのX線放射は、X線強度が強いだけでなく、鉄の三つの輝線の強度も軽い元素の輝線も東西の天の川と異なる。この領域にある星の分布の違いや、フレアで出る低エネルギー宇宙線の違いもあるだろう。星フレアや宇宙線による輝線による励起は、安定した高温プラズマから出る輝線の強度よりも強くなることがある。このため、輝線の強度をほかの領域と比較して鉄元素が多いと断定はできない。こうして、X線の天の川の研究は、大きな構造から小さな構造に関わる精密な観測は銀河の動的な構造や星の進化に関わる広い分野へと発展している。今後の多分野の研究による発展を期待したい分野である。

昔の人が夜空を仰いで天を横切る川に、あるいはミルクに思いをはせたように、現代を生きる筆者は、宇宙で起こる〝爆発〟からX線の天の川を考えている。見た目と本質が異なる興味ある宇宙現象の一つだ。

インターネット時代の天文学データ

現代の衛星を使った天文観測データは、観測後一年ほど経過すると、世界中の誰でも、インターネットでアクセス、入手して、解析することができるのが普通だ。そのためのソフトウェアも無料で配布されていて、家庭用パソコンでも相当の解析が可能だ。つまり、誰でも、その気があれば最先端の天文観測データを入手して自宅で解析できる。貴重な公費を使って衛星を打ち上げて天文観測するのも、科学の進歩のため、つまり世界の人々のためだから、誰もがそのデータにアクセスできるのは望ましいことだ。基礎科学の分野では、衛星データのように公費で得られたデータは、世界共通の資産になってきた。日本の天文衛星も多くのデータが世界に公開され志さえあれば誰でも使える状態になっている。誰も気付かぬ宝がどこかに埋もれているかも知れない！

第五章　中性子星連星系でくりかえされる爆発

本章から、X線天文学を含めた〝高エネルギー天文学〟の今や古典的主役である中性子星や、ブラックホールの活躍する天体の爆発の話に移ろう。天文学の老舗である光学観測ではまったく注目されていなかった暗い天体が、一九六〇年代以来のX線の観測により、天文学の常識を塗り替えた物語である。宇宙に爆発をまき散らしている主役たちだ。

（1）中性子星の登場物語

❶X線星の発見

まず、主役の一つである中性子星が発見された歴史からはじめよう。X線天文学がはなばなしく登場した歴史でもある。

中性子星は電波のパルサーとして一九六七年に確立した存在だ。しかし中性子星は、電波パルサー

図 5.1　2002 年度ノーベル物理学賞受賞者

2002 年度のノーベル物理学賞は、X 線天文学の開拓者のジャコーニ（1932–, 左）と、ニュートリノ天文学の 2 人の開拓者の小柴昌俊（1926–, 中央）とデイヴィス（1914–2006, 右）が受賞した（ニュートリノ天文学に関しては第 7 章（4）❶参照）。2002 年度にノーベル財団が発表した写真。

に先立つこと一九六二年、X線を放射する謎の天体として実は発見されていたのだった。しかし当時、これが中性子星とはわからず、電波パルサーの発見を待つことになった。

X線は電磁波の中でもエネルギーが高いため、放射線の一種でもある。だから、放射線を測る基本的な検出器であるガイガーカウンターで検出できる。ただし、天体からのX線は厚い地球大気にさえぎられるため、地上には届かない。そのため、天体からのX線を観測するには、検出器をロケットや衛星に載せて大気圏外に打ち上げる必要がある。ガイガーカウンターをロケットに載せることで、太陽がX線を出していることは一九四〇年代の終わり頃からわかっていた。それが、太陽大気中で起こる爆発（太陽フレア）が起源であることも知られていた。

「もし、この太陽をもっとも近い星の距離までもっていったら、X線はどのくらい弱くなるだろうか?」と考え、太陽と同じような星をX線で観測して研究を深めようとすることは、天文学者の当然の発展経過だろう。しかし、見積もりの結果、通常のX線検出器では観測は困難だという結論になった。そこで、天体からのX線観測に興味をもった堅実な研究者は、一九六〇年代の初めに、ちょうど光の望遠鏡のようにX線を集光する鏡の開発からはじめた。

鏡を使うと暗い星の光でも集めることができる。しかし、X線は簡単には反射しないため、X線の反射鏡(X線鏡)の開発には時間がかかった。X線天体の発見で後にノーベル物理学賞を受賞したジャコーニ(R.Giaconi)は、X線鏡の開発の先駆者でもあった。

X線鏡の完成を待たず、太陽以外にX線が出そうな天体として、まず月が選ばれた。太陽X線が月に反射してくるX線を、鏡を使わない簡単なX線検出器で観測したものだ。当時、米国は、「一九六〇年代内に月に人間を送る」というケネディー米国大統領のスローガンで月の研究も盛り上がっていた。このため、ロケットを使った宇宙観測も登り坂であった。この試みが大きな発見のきっかけをつくった。

ジャコーニらが簡単なガイガーカウンターをロケットに載せて夜の満月を観測してみたところ、月から少し離れたところにX線を強く放射する奇妙な天体が見つかったのである。一九六二年六月のことだった。この発見は天文学の世界に衝撃をもたらした。このX線がもっとも近い星から来ているとしても、太陽の何万倍ものX線を発生している計算になる強さだったからである。おまけに、その方角には電波や光で特殊な天体はなかった。X線だけでギラギラ光る新天体が発見されたのだ。

太陽系外のX線源の発見物語

太陽系外のX線源の発見は当時、マサチューセッツ工科大学（MIT）教授だったロッシ（B.Rossi）の指導によって若いジャコーニたちが偶然に見つけたものである。ねらいは月からの太陽による反射・散乱のX線観測であった。予想されるX線強度は太陽に比べて桁違いに弱かったため、それまで太陽X線の観測で用いられていたX線検出器よりも感度を桁違いに上げた。その優れた感度に加え、太陽を除けば全天でもっとも強いX線源さそり座X-1（さそり座にある一番目のX線源）が観測の視野内に入った幸運が重なった。

最初のロケット観測ではさそり座X-1のほか、その二〇分の一の強度のはくちょう座X-1の検出にも注目していた。このため第二回、三回のロケット観測が行われ、さそり座X-1以外でも太陽外のX線天体を発見したのである。

ロッシやジャコーニたちの観測は、新しい発想によるものだった。彼らよりも一年ほど前に、太陽X線の観測では大きくリードし、大御所だった米国海軍研究所のフリードマン（H.Friedman）のグループは、使い慣れた太陽X線の小さい検出器を用いて、夜空のロケット観測を行った。その

図 5.2　X 線天文学創始者

小田稔（1923–2001）、ロッシ（1905–1993）、早川幸男（1923–1992）の 3 人の研究者は、**図 5.1** のジャコーニとともに X 線天文学の初期の開拓者である。小田と早川は日本の X 線天文学を最初から世界のレベルに保つことに貢献し、多くの人材を育てた。

ときは背景雑音以外には注目される成果が得られなかった。

科学の大発見は、単なる偶然だけでなく、それまでと違う何らかの発想がプラスされている必要がある。ロッシはこの観測に際し、「自然は人間の想像を超える姿を見せる」という哲学をもっていた。

わが国で初めて太陽系外のX線の観測がなされたのは一九六五年だった。ロッシと親交のあった小田稔が、MITでX線観測を開始した。同様にロッシ、小田稔と親交のあった早川幸男が日本でロケット観測をはじめた。これには大学院生であった筆者も参加した。駆け出しの筆者だったとはいえ、まだ海のものとも山のものともわからない未開の新分野を開拓する興奮は、今でも昨日のことのように覚えている。

このさそり座X－1は、今では、中性子星と太陽よりも少し軽い普通の星（恒星）との近接連星系だとわかっている。そのX線放射エネルギーは、太陽の全放射エネルギーに比べて数万倍にも達する。

中性子星は、一九三〇年代原子核物理学が勃興したとき、理論の星への応用として予想された特殊な星であった。星の形態の一つとしてほどんど中性子からなる中性子星が、理論的には安定に存在し得ることがわかったものだ。その後、この結果が忘れかけられていた一九六七年、一秒ほどで規則正しく電波信号を発する奇妙な天体、電波パルサーが偶然に発見された。そして、これこそ理論的に予言されていた中性子星と結論付けられた。

❷中性子星はこうしてできる

中性子星は重い星が最後に爆発する超新星の中心に形成される。それとは別に、白色矮星が中性子星に進化する可能性も指摘されているが、観測的に確認された例はない。重い星は内部で核融合を起こして、どんどん高温になっていく。高温になって星が膨張し、これを押さえつける星の質量とのバランスがギリギリになった頃、温度がとても高くなった内部を想像しよう。そこでは、核融合で燃えるべき元素がどんどん燃え、高温・高圧下で電子が鉄の原子核に吸収される条件が整い、鉄が分解され、急激に温度が下がる。これが、超新星爆発のきっかけであり、爆縮と呼ばれる以下に述べる過程に続く。

温度が下がった内部は、自己重力による外からの収縮圧を支えきれなくなり、陥没する。星の質量がある程度より小さい場合、第三章（1）の囲み記事で述べたように、物質の縮退圧がこの収縮圧に対抗できるため、そこで収縮が止まり、白色矮星になる。すなわち、原子がぎゅうぎゅうに詰まった状態だ。しかし星の質量がそれより大きい場合は、電子の縮退圧をもってしても自己重力による猛烈な収縮圧を支えきれず、さらに収縮が進む。ついには、原子核と電子でできている原子の中で、電子が原子核に吸収される。原子核内にあって正の電荷をもつ陽子が、負の電荷をもつ電子を吸収して、電気的に中性の中性子になる。結果的に、中性子のみが詰まった巨大な原子核、つまり中性子星が中心部に誕生する。そのとき、大量のニュートリノが発生する（第七章（4）❶）とともに、星の外側は、急激な収縮の反動として外側に大爆発を起こして吹き飛ばされ、超新星となる。このとき、中性子星ができるためには、元の星の質量が太陽質量の八倍程度以上必要とされる。

主として中性子からなる星が自分で安定な状態を保つためには、太陽の質量より少し大きい一・四倍から、重くても三倍弱程度の範囲になくてはならない。それより重いと、自己重力が中性子の量子効果の縮退圧力に打ち勝ち、ブラックホールになってしまう。そのため、元の星が太陽質量の八倍よりずっと大きいと、中心の中性子星がさらに潰れてブラックホールになる。具体的には三〇倍の質量ほどと考えられているが正確にはまだよくわかっていない。

❸電波で見える中性子星——電波パルサー

前項で述べたように、中性子星は、超新星の爆発で生まれるとされる。したがって、生まれて一〇〇〇年とか数万年経った若い中性子星が、超新星の爆発後に残る高温ガスの中で見つかることがある。きわめて規則的なパルスを主に電波で放射し、パルサーと呼ばれる。中性子星が若いうちは、X線を出す単独パルサーも存在するが、その数は多くない。パルサーの周期は、中性子星の自転周期と考えられ、一〇〇〇分の一秒（ミリ秒）の単位のものから一〇〇〇秒を超えるものまである。ただし、周期の長いものは恒星と連星になったものである。

実は、電波で発見される中性子星パルサーの多くは、超新星の残骸らしき構造の中ではなく、単独でふらふらしている。これらは、生まれて数万~数百万年経ったもので、星が多い天の川に沿って多く発見されている。爆発のとき何らかの速度を得て爆発した場所から移動しているのが普通である。そして、生まれて数百万年くらいは電波パルスを出し続けて存在を誇示している。一方、元になった超新星の方は、爆発後それくらいの年月が経つと、広がった高温のガスになったものもあるが、もはや超新星の面影は留めない。

電波パルサーのエネルギー源は中性子星の回転するエネルギーである。しかし、孤立して単独で存在している限り、回転も次第に遅くなり、電波を出すエネルギーもなくなって視界から消えていくことになる。確認されたこれら単独電波パルサーの周期はせいぜい数秒までだ。

❹Ｘ線で見える中性子星――中性子星連星系

中性子星が普通の星と連星になっていると、相方の星からのガスをもらって活発にＸ線を出すことがよくある。特に中性子星がある程度若いと、これがＸ線パルサーとして輝く。連星になっていると、前節で触れた単独のＸ線パルサーとは、放射機構が少し異なる。相方の星からのガスが、中性子星の強い磁場に引きずられ、磁極に集中して降り積もる。中性子星は半径が小さく重力が強いため、降り積もるガスは膨大な重力エネルギーを得て、二〇〇〇万度ほどの高温のガスが簡単につくられる。そのエネルギーがＸ線として解放されて、放射される。中性子星が自転しているため、そのＸ線放射が見え隠れすることで、Ｘ線パルサーとして観測される。なお、これほどの高温になると、可視光ではほとんど見えず、ほぼＸ線でのみ輝く。こういったＸ線パルサーの例は、次の本章（２）で見ていこう。

一方、中性子星と普通の星の連星でも、Ｘ線を強く出してはいるが、Ｘ線パルサーのような周期が見えないものもある。これは、老いた中性子星で、磁場が弱くなっているため、中性子星全面が輝き、パルサーとしては輝きにくくなったものだ。しかし、巨大な重力をもつことに変わりはなく、降りこんだガスが重力エネルギーを解放してＸ線でぎらぎらと輝く。このような老いた中性子星と普通の星の連星系は、わが銀河系や近くの銀河でたくさん見つかっている。本章（３）でその例を紹介する。

若くても、老いていても、中性子星の重力エネルギーのすさまじさには変わりない。たとえば、仮に中性子星に角砂糖を一個落とすと、広島に落ちた原子爆弾に匹敵する爆発が起こる。その結果、きわめて強力なX線やガンマ線が放射されるのだ。本章では、このような威力をもつ中性子星を伴った天体の爆発に関する話をしていこう。

(2) 若い中性子星が普通の星と連星になっていると

❶電波ならぬX線パルサー

まず最初に、誕生後、数万〜数百万年の比較的若い中性子星と普通の恒星（主星）とが連星になっているX線パルサーで起こる爆発を見てみよう。これらの中性子星は、人類の祖先が現れはじめた頃に、超新星爆発で生まれたものだ。

これらのX線パルサーの中性子星と組む恒星の多くは、太陽に比べて一〇倍以上の重い星だ。そして、太陽が可視光で出す光度に比べて一万〜一〇万倍のエネルギーをX線でほぼ定常的に放射しているものがある。それに加えて、時たま、中性子星が出せる最大光度（本章（3）❷の囲み記事で解説するエディントン限界光度）に達する爆発が起こるのがX線で観測される。それは、ガスを供給する星のきまぐれによると考えられる。

そういったX線は、わずか数キロメートルの小さな領域から放射されている。それにもかかわらず、驚くことに、三〇万光年離れた遠いX線パルサーでさえ、X線で簡単に観測できる。一方、可

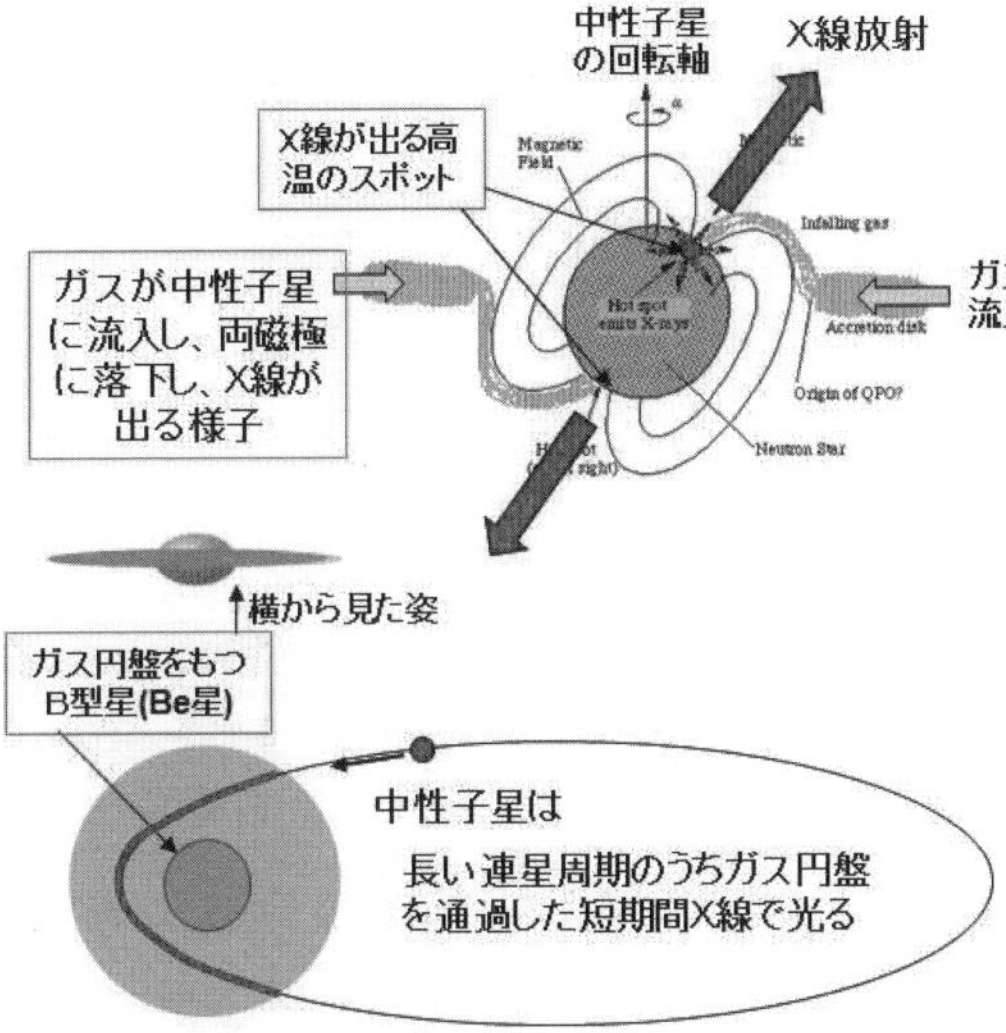

図 5.3　Be 連星系の X 線パルサーの模式図

中性子星（X 線パルサー）が Be 型星と連星系になっている場合、中性子星が Be 星のガス円盤の中に入ったときに X 線パルサーを放出する。ガス円盤の大きさ、ガス密度、厚みは一定ではないため、X 線の出方も連星周期ごとに変化する。

視光では、中性子星の方は見えず、相方の星が何でもない普通の恒星として見えるだけだ。

X線パルサーの連星周期は、数日～数百日にわたっている。少数派だが、連星周期が数日以下の短いものもあり、変動はするものの、比較的安定にX線パルスを出している。

おもしろいのは、連星周期が数十日～数百日と長いX線パルサーだ。これは、連星の中の一方の星が超新星爆発をして中性子星ができたため、相方の重い星にとらえられたまま、細長い楕円の長い周期で回っているものと考えられている。この状態で、もし相方の重い恒星がガスを放出しやすい星であれば、細長い楕円軌道で回っている中性子星が、その重い星の近くを通るときだけ、中性子星にガスが降り注ぎX線が出る。つまり、この場合、X線が出ていない期間が長くなる。さらに興味深いことに、中性子星が相方の星（ドナー）の近くを通るときにいつもX線が強くなるとは限らない。ドナーのガスの出方が一様でないとか、気まぐれなガス放出があるためかも知れない。

これまで見つかっているこれらのX線パルサーの多くは、中性子星のドナーが太陽質量の一〇倍ほどの重い星で円盤をもった星である。ドナーが速い自転をしながらガスを放出しているため、周りに大きなガス円盤ができているのだ。

このような円盤をもった星は、可視光で青っぽく見えるB型星が多く、加えて円盤から可視光の輝線も出るため、Be型星と分類されている。また、軌道周期が長いと、そもそもX線が出ていない期間が長いうえ、二つの星が近付いたときでさえX線が出ないことが少なくない。この気まぐれな性質のため、これらはBeトランジェントX線パルサーと呼んでいる。トランジェントとは短時間だけ続く現象を意味する英語だ。

❷ BeトランジェントX線パルサー　GX304－1

GX304－1という周期二七二秒のBeトランジェントX線パルサーがある。BeトランジェントX線パルサーの例にもれず、連星周期は一三二・五日と長い。この天体は、一九八〇年以前には明るいX線を出していたものの、その後二八年間、X線はきわめて弱い静かな状態であった。ところが、マキシが観測しだした二〇〇九年一〇月頃、一カ月ほど輝く巨大なX線アウトバースト（爆発）が観測された。その後も、ほぼ軌道周期一三二・五日ごとにアウトバーストをくりかえしている。ここで、アウトバースト（outburst）はバースト（burst）と同様に爆発を意味する言葉で、本書では「突然爆発し暫く続く爆発」現象の場合に用いる。バーストは短時間しか続かない爆発の場合に用いる。

さて、このようなBeトランジェントX線パルサーは、軌道周期ごとに明るさが同じように変動するわけではなく、きわめて明るくなるときもあれば、そうでもないときもある。相方の星（主星またはドナー）のガス放出が気まぐれさに変わるか、ガス円盤の状態が変わるようだ。そこで、これらを詳しく研究するには、X線で明るくなったときをねらって、大型のX線天文衛星で観測することが必要である。明るいときには情報量が多いため、X線パルサーの性質をより詳しく観測できるからだ。ただ、連星周期から中性子星が主星に近付く日は正確に予測できるが、主星のガスの放出の気まぐれさは予測できない。せっかく貴重なX線天文衛星の観測時間を割いて望遠鏡を向けても、パルサーが暗ければ詳しい観測ができなくなってしまう。

そこで、マキシの出番だ。大型X線望遠鏡チームは、マキシの観測結果情報を時々刻々追って、天体が明るくなるようなら、望遠鏡をただちに向ける。GX304-1では、それが成功し、大きなアウトバーストを予測できた。かくて、二〇一〇年八月にX線の強いアウトバースト時に「すざく」衛星や米国のロッシ時間変動探査衛星（RXTE）で詳しく観測できた。その結果、この種の中性子星としてＧＸ３０４－１は大変強い磁場をもつことを発見した。

中性子星から出るＸ線は、両極の強い磁場を通ってくるために磁場の影響を受ける。放射領域近くに存在する電子は、強い磁場に巻きついている。そのとき、巻きつく電子の回転数は磁場の強さを反映して決まっている。これら電子は、出てくるＸ線を邪魔するように吸収する。その際、すべてのＸ線を一様に吸収するのでなく、電子の回転数に応じて、特定のエネルギー（周波数）のＸ線のみを吸収する。その結果、それがＸ線スペクトル上で吸収線として見える。これをサイクロトロン吸収線[注1]と呼び、この吸収線のエネルギーから磁場の強さがわかる。

問題は、観測対象の中性子星の磁場の強さが不明のとき、サイクロトロン吸収線がスペクトルのどこに現れるかは当然わからない。そのため、できるだけ広いエネルギー範囲（帯域）でＸ線観測データを取得することが望ましい。たとえば、第四章で登場したチャンドラ衛星は、Ｘ線鏡の性質こそ圧倒的である一方、観測できるＸ線帯域は限られてしまう。「すざく」とＲＸＴＥとは、その点で理想的だった。ＧＸ３０４－１では、エネルギーが五〇キロ電子ボルトのあたりでサイクロトロン吸収線が発見された。

その結果、ＧＸ３０４－１の磁場の強さが、地球磁場の一〇兆倍であることがわかった。中性子星は宇宙でもっとも磁場の強い天体だが、そんな中性子星の中でも、これは最高記録だった。

X線天文衛星による観測

X線天文衛星は、一般に大型で高性能になればなるほど視野が狭くなるため、多くの天体を観測することができない。だから、どの天体を観測するかの選択はよくよく考えなくてはならない。毎年、各X線天文衛星の観測時間をめぐって世界中の天文学者の間でコンペがあり、その結果にしたがって、観測の一年あるいはそれ以上前から、いつどの天体を観測するかの詳細な予定が決められる。

一方、Beトランジェント X線パルサーや超新星などの爆発現象の場合、いつ起きるかわからないので、事前に決められた予定表にしたがって観測するのは、理にあわない。爆発現象が起きたという報告があったとき、すみやかに望遠鏡を向けて観測するべきだ。実際、X線で見た宇宙は、本書で解説するように、爆発現象で満ちている！　そこで、多くのX線天文衛星では、興味深い爆発現象やトランジェント現象が起きたときには、事前の観測予定を組みかえてその観測を優先的に行うことが普通だ。

マキシのような全天X線監視装置の意義の一つがそこにある。つねに全天を走査して、興味深い爆発などのX線現象をいち早く発見し、世界に伝えるのだ。その報告を受けて、時には高性能X線天文衛星や光学や電波の望遠鏡が詳細な追観測を行うことで、天体の詳しい性質が解明されていく。

天文学の地球規模チームワークといってよいだろう。

❸磁場の最高記録の競争

前節で述べたサイクロトロン吸収線は、これまで二〇ほどのX線パルサーで検出され、磁場が求まっている。先のGX304-1で得られた磁場は、X線パルサーとして、二〇一〇年の時点で最高記録であった。

しかし、磁場記録の最高の座は、その後、X線パルサーGRO J1008-57に奪われることになる。このX線パルサーは、ほぼ二五〇日ごとにアウトバーストをくりかえすBeトランジェントX線パルサーである。マキシはこのアウトバーストをとらえた。これがいつもと違う巨大なアウトバーストの気配を察知して、すざく衛星に観測を依頼した。この予測は見事に的中し、これまでなかった巨大なアウトバーストのときにすざく衛星で詳細な観測ができた。その結果、このX線パルサーからサイクロトロン吸収線を検出し、磁場が、これまで最高だったGX304-1の磁場の一・四倍も強いことが判明した。磁場の最高記録は二年ほどで破られたのである。

まだ磁場が決定されていないX線パルサーもあるため、磁場の最高記録は今後も更新されると予想される。自然現象もスポーツの世界と似て、最高記録の更新がしばしばなされる。初めて新事実

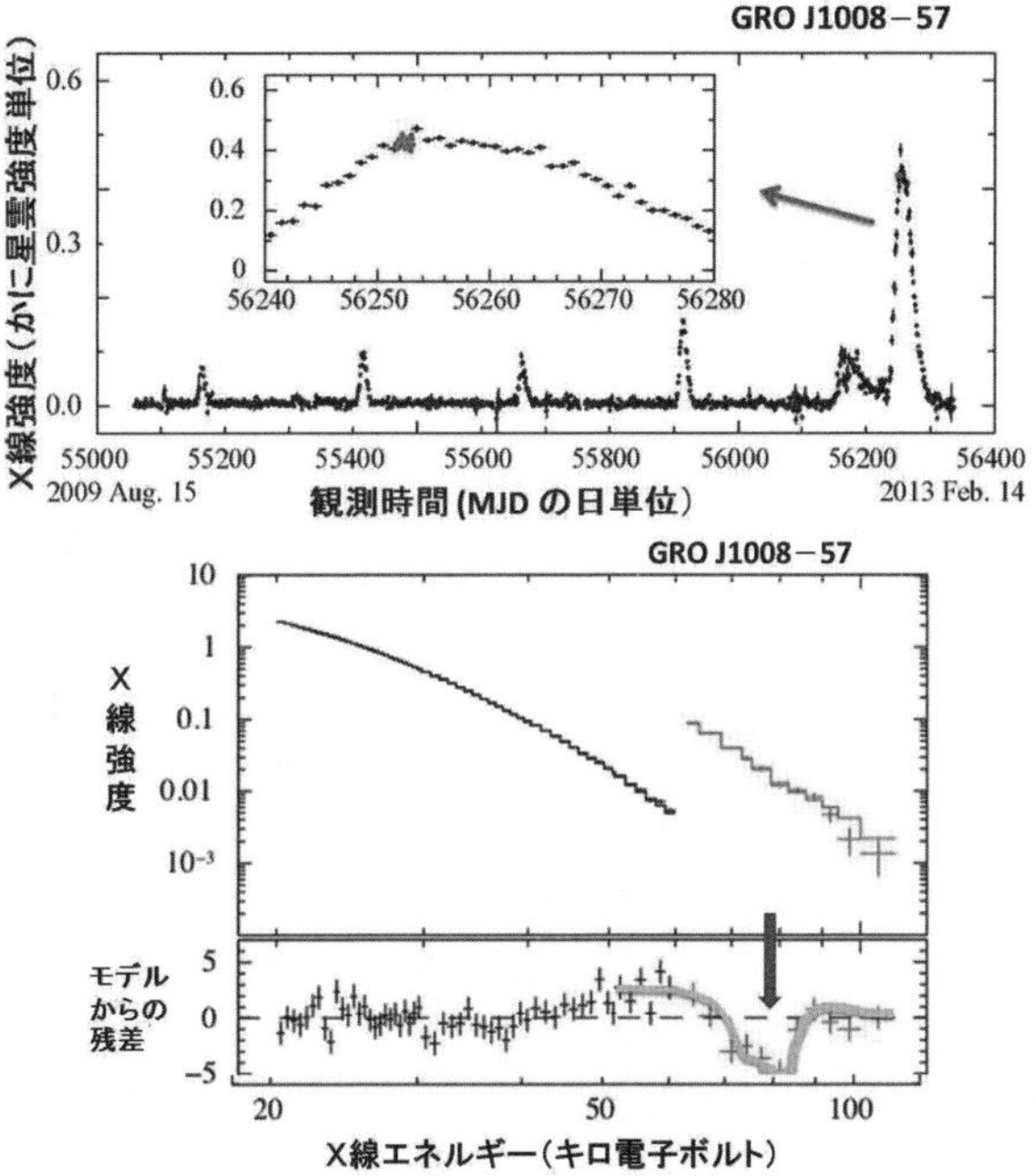

図 5.4　X 線パルサーの X 線強度曲線と X 線スペクトル

X 線パルサー GRO J1008−57 の 3 年半にわたるアウトバーストの X 線強度の推移（上図）とアウトバーストが最高潮に達したときの X 線スペクトル（下図）。スペクトルは 2 種類の検出器で得られたもの。スムーズな X 線スペクトルのモデルから吸収構造（矢印）が得られた。エネルギーは 78 キロ電子ボルトであった。吸収線の幅は X 線検出器の性能による。これをサイクロトロン吸収線とすると、磁場は地球磁場の 14 兆倍（7×10^{12} ガウス）となる。なお、GX304-1 のアウトバーストは**図 5.6** に示してある（山本ほかマキシチーム提供）。

を発見するのと同様に、更新記録への挑戦は関係者をわくわくさせるものだ。

実は、中性子星の強い磁場がどのように形成されるかは、まだ謎である。ここで述べたのは一〇〇天体ほどの通常のX線パルサーの話であった。一方、電波パルサーの磁場は、パルス周期の減衰率からそれぞれで決められている。これまで見つかっている二〇〇〇個ほどの電波パルサーは、X線パルサーと同程度の磁場をもっていることがわかっている。

一方、電波パルサーやX線パルサーとはまた違った中性子星がある。第八章（2）❹で後述する異常X線パルサーとか、マグネターとかと呼ばれている種族で、しばしば超新星の残骸の中に単独で存在する。今まで述べた通常のX線パルサー連星系の磁場に比べて、約一〇〇倍にもなる異常に強い磁場をもっていると考えられている。どうも中性子星の誕生のときから大変強い磁場をもつものがあるようだ。

一方、それとは逆に、できたときから通常のX線パルサーの磁場の約一万分の一しかないものもあるようだ（本章（3）❼）。自然は驚くべき多様性をもっているということだ。

❹連星周期よりも長い周期の発見

星の中には、その周りにガスを引き連れているものがある。そんなガスの研究も、主に可視光で、長年、地道に行われている。実際、円盤をもつ可視光での星の周りの観測は一〇〇年を超える歴史がある。

Be型星も、そんなガス円盤をもつ星だ。しかし、星本体が明るすぎるため、光学観測ではそのガス円盤の様子を調べることは困難だ。一方、BeトランジェントX線パルサーの場合、X線観測によって、中性子星がガス円盤に突っこんだときのX線を出す様子を調べることができる。可視光と違って、Be型星本体はX線ではほとんど光らないので、邪魔にならない。今まで見えなかったものがX線観測の助けで新しい可能性が拓ける例だ。

おうし座のかに星雲から五度角ほど離れたところに、A0535+26というBeトランジェントX線パルサーがある。この連星周期は一一〇日で、多くの場合、X線はこの周期でアウトバーストして二〇日間ほど明るくなる。例によってアウトバースト時の明るさは同じではなく、毎回、X線放射の増加の様子も異なっている。

マキシは、二〇〇九年以来、このA0535+26でくりかえされるアウトバーストをずっと観測してきた。それをよく調べてみると、アウトバーストの周期は等間隔ではなく、ほぼ八・七年の周期が隠されていることが判明した。これは、Be型星のガス円盤と中性子星の相互作用で起こる何らかの周期と考えられる。たとえば、Be型星の周りの円盤がゆっくりと八・七年の周期で動いているのかも知れない。

可視光による天文学に比べて、X線天文学の歴史はまだまだ短い。このような長期にわたるX線観測はようやくデータが出てきた段階だ。今では、あとで述べる磁場が弱い中性子星やブラックホールと普通の星の連星系から、数は少ないながら、連星周期を超えた長い周期が見つかっている。こ

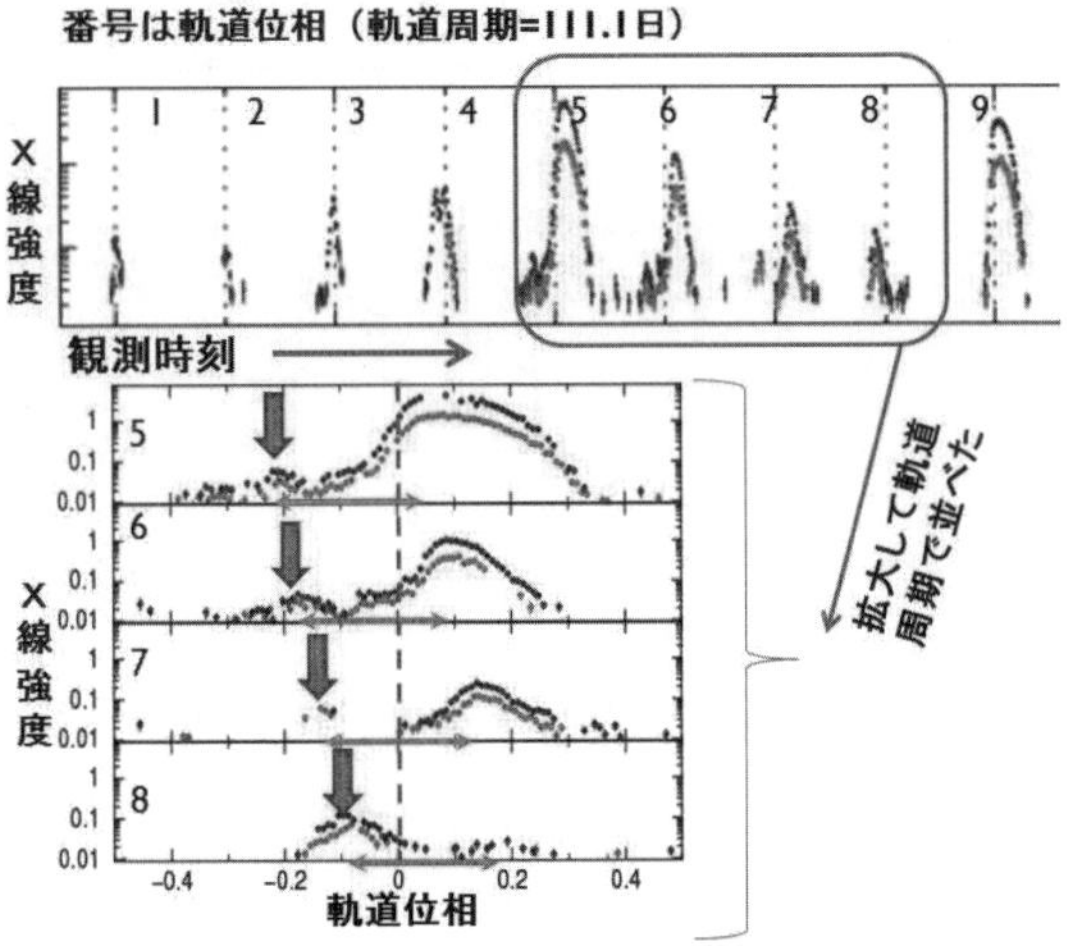

図 5.5　A0535＋26 の長い周期

9 回のアウトバーストを上図に示す。一方、軌道周期 110 日で折りたたんだ X 線強度変化（下図）を見ると、アウトバーストの時期にズレが見られる。これは正確な軌道周期でアウトバーストしていないことを意味する。このズレを説明するには、8.7 年周期を導入可能だとわかった（中島ほかマキシチーム提供）。

れらの周期は連星周期のように一定ではなく、周期にゆらぎが見られる。今後の研究課題の一つだ。

❺さまざまなBe型星の連星系

BeトランジェントX線パルサーは五〇個ほど見つかっている。私たちの銀河系には、おそらく、数千万〜一億個ほどの中性子星があると考えられるが、BeトランジェントX線パルサーになっている確率はわずかなものと考えられる。ただし、X線パルサーに限れば、Beトランジェントがもっとも多い。そのためか、BeトランジェントX線パルサーは、今でも時々新たに発見されている。

X線パルサーがBe型星と仲が良い理

由はX線パルサーの誕生や進化に関係があるのだろう。あとで述べるブラックホールも重い星と連星系になっているものがあるが、Be型星とブラックホールの連星系は最近一例が見つかっただけで、珍しい組み合わせのようだ。また、Be型星と白色矮星の連星もきわめて少ないながらも存在している。なぜ、このような違いが出てくるのだろう?

単純な星の進化のシナリオを考えてみる。一般に、星は、重いほど進化が速く、寿命が短い（第三章参照）。Be型星は重いため、一〇〇〇万~二〇〇〇万年ほどの寿命しかない。中性子星やブラックホールは、超新星の爆発でできたとすると、もともとBe型星より重かった星である。一般にお互いに近くにある星々は同時に生まれたと考えられるが、そのような連星系の中で、重い方の星が先に超新星爆発して中性子星ができたことは理にかなっている。ブラックホールとBe型星連星系が少ないのは、ブラックホールが中性子星に比べ生成率が小さいか、爆発力の威力で連星系から飛び出すことが多いなどの可能性が考えられそうだ。

それより大きな問題は、Be型星と白色矮星の連星系だ。白色矮星は、通常、一億年以上の年齢にある。たとえば太陽がいずれ白色矮星になるには、誕生後一〇〇億年かかる。それが、長くても寿命二〇〇〇万歳のBe型星と連星を組んでいるのは、星の進化の不思議な問題となっている。一説には、白色矮星のもとになった星とBe型星とがお互いにガスをやり取りして、Be型星に対しては若返りの進化があったと考えられている。星の章（第二章）で紹介したアルゴルパラドックスに似ている。

これらは、まだ理論的仮説だ。それを定量的に検証し、さらにそれをもとに論理的に展開するのが、私たち科学者の仕事になる。とはいえ、研究の進展には、地道な観測データや理論の積み重ねだけでなく、斬新な発想やひらめきが必要だ。研究もその第一歩は前述のような仮説や想像からはじまるものだ。

❻宇宙最高性能の時計としてのX線パルサー

X線パルサーの自転周期の安定度は、水晶時計に比べても驚くほど優れている。X線パルサーの自転周期は数十万年で一秒進む程度に安定しているのだ。ちなみに、単独のかに星雲の三三ミリ秒の自転周期は約七〇〇〇年で一秒遅れるほど安定している。なかには、一兆年経っても一秒しか狂わないミリ秒周期のパルサーもある。ただし、これは、まだよくわかっていない中性子星の内部や外部がこの長期間安定だという条件が必要だ。

これらの自転周期の安定度は、中性子周りのガスが何らかの理由で増えたり減ったりすることによっても変わってくる。**図5・6**に示すように、時々アウトバーストをくりかえすX線パルサーは、X線が強く放射されているときに自転周期が速くなっていく。逆に、X線が出なくなると自転周期は遅くなっていく。その理由は、回転する中性子星に相方の星から回転しながらガスが降着すると、ガスの回転が中性子星に伝わり、回転を促進するからである。一方、ガスの降着がすっかり止まると、磁場をもった中性子星が回転しているため、わずかながら周りにある電離したガス（プラズマ）

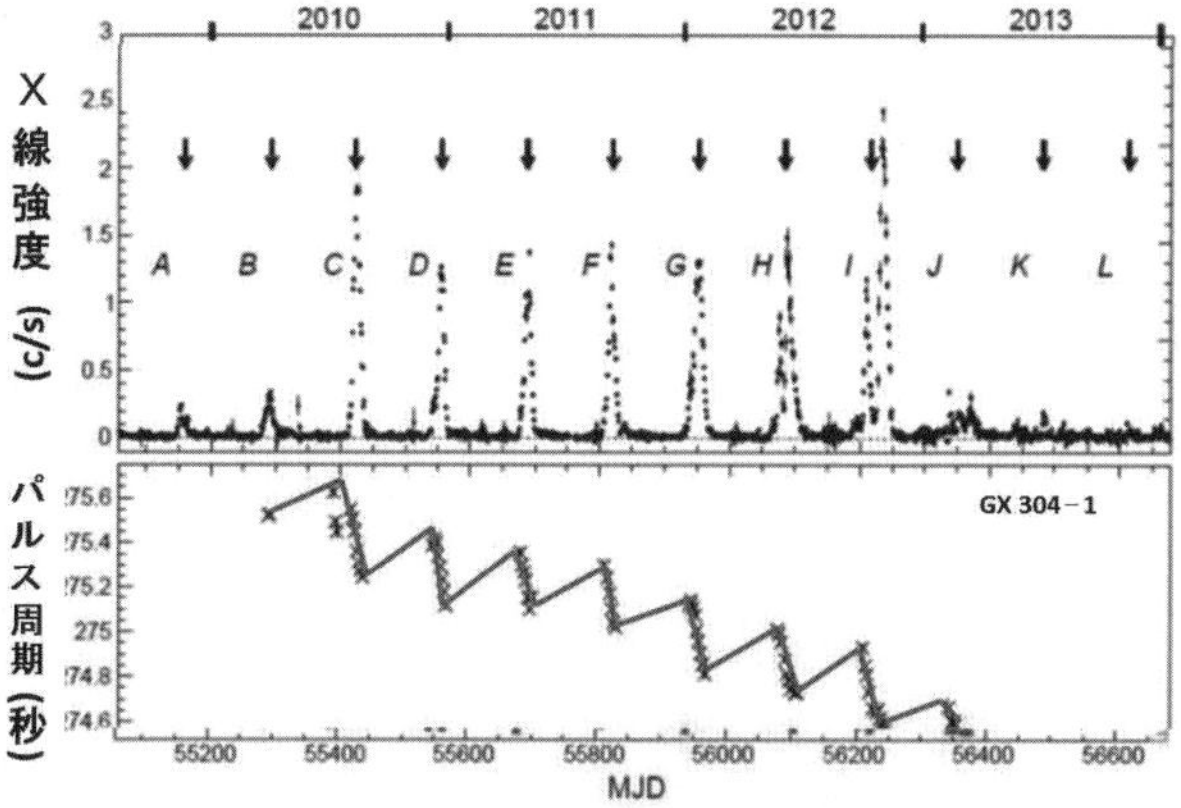

図 **5.6**　アウトバーストと **X** 線パルサーの周期変化

X線パルサー GX 304-1 は連星周期 132.5 日ごとにアウトバーストして 40～50 日ほど X 線が爆発的に輝く。その輝きは図に示すように一定ではない。一方、X線パルサーの周期は 275 秒ほどである。このパルス周期を 2010～2013 年にわたって調べると、アウトバースト中は周期が短くなり X 線が輝かないと長くなることがわかった（下図）（杉崎ほかマキシチーム提供）。

に電気を発生させるなどのエネルギー交換が起こり、少しずつエネルギーを失う。このため、その抵抗により、回転が遅くなる。発電機と同じ原理である。

単独パルサーも同様で、周りのガスとのエネルギーと回転角運動量の交換により、ごくごくゆっくりながら、いずれ遅くなっていく。

このように、X線でも電波でも、パルスの周期を精密に計測して、中性子星自身の構造や周りのガスの様子を知ることができる。

❼奇妙なトランジェントSFXT

現役で一三年以上も活躍しているヨーロッパのX線天文衛星インテグラ

ル（INTEGRAL）は、新しいタイプのトランジェントX線天体を二〇〇五年に見つけた。これは前節で述べたBeトランジェントX線パルサーと似てはいるが、それまでX線として暗かった天体が急に一〇〇〇～一万倍にも明るくなるX線天体である。二～三日間変動しながら輝いて素早く暗くなってしまう奇妙な天体である。多くは数秒～数百秒周期のX線パルサーが見られ、O型星、B型星といった太陽質量の一〇～三〇倍の重い星と中性子星が連星になっているようである。また、連星周期も三・三～一六五日まで分布している。一般にX線が弱いことと、輝く期間が短いため解析が十分には進んでいない。これらは、BeトラジェントX線パルサーと区別してスーパージャイアント・ファースト・X線・トランジェント（SFXT）と名付けられている。

SFXTには連星周期でくりかえしてアウトバーストを起こすものもあるが、光っている期間が短いため見過ごすことが多い。中性子星が存在しているのに、先に述べたBeトランジェントX線パルサーと違って、なぜ短時間しか輝かないのかわかっていない。相方の星から出るガスの気まぐれだけが原因ではなさそうである。一般にコンパクト星の連星系では、ガスがコンパクト星に降り積もる前段階としてガス円盤（本章（3）❺で説明する降着円盤）が形成されるが、その降着円盤から中性子星にガスが降り積もるメカニズムが特別なのかも知れない。

SFXTの機構について一つの想像を紹介しよう。

一般に恒星は表面から外側にガスを噴き出していて、恒星風または星風と呼ばれる（特に太陽の場合は太陽風）。質量の大きな星は特に強い星風を出す傾向があることが知られている。

ＳＦＸＴは比較的強い星風を出すO型やB型星と中性子星パルサーとの近接連星系である。このような系では、Ｘ線を出すときは中性子星の周りにある程度の降着円盤ができると考えられる。ＳＦＸＴは、星風が強いため降着円盤がほとんどできない、かといって降着円盤（渦巻状のガス流）を経由してガスが中性子星に落ちるルートはある。星風の微妙な強弱で降着円盤ができるまでもなくガスが吹き飛ばされる時期と、うまく中性子星にガスが流入する時期とが起こる。一方、星風が弱くなり落ち込もうとすると、中性子星の磁場で跳ね飛ばされＸ線は耀かない。磁場で跳ね飛ばされる条件は中性子星の自転周期にも関係する。こうして、ＳＦＸＴは、星風と磁場、中性子星の自転周期の三つが微妙にからんで中性子星にガスが入り込める条件が狭いためＸ線は弱く、長期に輝かないと考えられる。

ＳＦＸＴではいずれもが中性子星とされていて、ブラックホールが見つかっていない。実際、パルス周期を示すものがいくつか見つかっているため、それらは疑いなく中性子星であって、ブラックホールではない。次章（第六章）に述べるブラックホール連星系では、パルス周期のような自転周期は現れない。このことから、ＳＦＸＴはよく似たＸ線パルサーに比べより強い磁場をもっていると考えたくなる。いずれにせよ、不安定な現象は安定な現象より理論の構築が難しいことは、爆発現象の理論的説明の難しさに似ている。興味ある将来の宿題である。

(3) 磁場の弱い中性子星と普通の星が連星になっていると

中性子星も老いると磁場も弱くなる。太陽より軽い星と中性子星の近接連星系は、銀河中心近くにX線源としてたくさん見つかっている。この相方の星は低質量星で数億年以上の年齢をもつため、中性子星も古いことになる。この種のX線源を低質量X線連星系と呼んでいる。ここでいう〝低質量〟とは、中性子星の質量ではなく、その相方の恒星の質量が低い、という意味であることに注意しておく。

単独の中性子星は、自転のエネルギーを電波の放射などに使いながら回転が遅くなり弱っていく。連星になっている中性子星は、相方の星からのガスを吸いこみながら老いていく。数億年を超える時間が経つと、もともと強かった磁場もその一〇〇〇～一万分の一へと弱くなる。ただし、中性子星の磁場が弱くなっていくメカニズムはまだ解明されていない。

このように磁場の弱い中性子星の低質量連星系は、名の通り恒星が低質量のため、光では暗くて目立たない星ばかりである。ところが、これらのX線源はX線で観測しているとしばしば目立つ爆発がある。中性子星連星系として理論的限界の規模になることもめずらしくない。本節ではこれらの爆発の話をしよう。

❶中性子星全表面で起こるヘリウム爆弾

一九七五年オランダがＮＡＳＡの協力で打ち上げたＡＮＳという衛星がＮＧＣ６６２４という球状星団（星が数十万個ほど球状に集まった天体）から奇妙なＸ線の爆発現象をとらえた。この球状星団はＸ線強度が弱く、ＡＮＳのような小さいＸ線望遠鏡では通常、観測にかからない。ところが、このときは定常放射の数十倍になるＸ線が爆発的に放射され、一〇秒程度で減衰していく現象が発見された。これはＸ線バースト（正確には〝タイプI（イチ）型Ｘ線バースト〟で、Ｘ線の爆発）と名付けられた。詳しく調べると、中性子星表面で起こる核爆弾（正確にはヘリウム爆弾）の炸裂だとして説明されることがわかった。

実は、歴史的には、この種のＸ線バーストがとらえられたのは、ＡＮＳが初めてではない。一九六九年に、ベラ衛星（第八章参照）がすでに検出していた。しかし、ベラ衛星では系統的な解析を怠っていたため、ＡＮＳの観測ではっきりしたという経緯がある。

わが国初の国産Ｘ線天文衛星「はくちょう」は、一九七〇年代の末から一九八〇年代にかけて、このＸ線バースト源を新たに八個ほど発見した。Ｘ線天文学で世界をリードするきっかけをつくったものだ。本節では、発見から今日まで四〇年経ったＸ線バーストの仕組みとその後を、説明しよう。また、現在も残るＸ線バーストの重要な課題も考えたい。

Ｘ線バーストは通常、太陽に比べてもさらに進化が進んだ星と中性子星とが、短い連星周期（多くは一日以下で、短いものでは一一分周期もある）で連星になったＸ線星でしばしば見られる。先にも述べたように、組んだ星が何十億年と進化しているため、中性子星もそれ相当に古いと考えられる。これは、先に述べたX線パルサーが組んでいる星が太陽よりも一〇倍も二〇倍も重く、数百～一千万歳程度の若い星であることと対照的である。

さて、X線バーストの放射のスペクトルを調べると爆発初期には二〇〇〇万度ほどの黒体放射をしている。黒体放射は、物体からその温度に応じてもっとも効率よく、最大限の放射をするメカニズムである。もし距離がわかれば、その放射が出ている大きさ（面積）までもわかる。

銀河中心までの距離をX線バーストで決めた話

天文学で物理量を算出するのには、天体までの距離が精度よくわかっていることが条件だ。しかしじれったいことに、一般に、天体までの距離を推定するのはかなり難しい。でも、時折、今までとはまったく違った距離の算出法が出てくることがある。その一つを紹介しよう。

一九八〇年代初め頃、わが銀河の中心までの距離は、国際的に約三万三〇〇〇光年だとされていた。この値は、天文学のパーセックの距離の単位で一〇キロ・パーセックに相当する。距離の精度が悪い時期に国際天文学連合が誤差の範囲で、一〇というキリのいい数字を採用したものだ。

さて、X線バーストの出す黒体放射が半径一〇キロメートルの中性子星から出ると仮定すると、その天体までの距離がわかる。日本のはくちょう衛星が発見したX線バーストが中性子星から出ているとすると、そこからそれぞれのバースト源までの距離がわかる。それらX線バースト源の分布は銀河中心を対称に取り囲んでいるため、バースト源までの距離を平均することで、銀河中心までの距離が推測できる。結果、X線バーストに基づいた銀河中心までの距離が、当時いわれていた距離より二割（五〇〇〇〜六〇〇〇光年）ほど近い、という推定値が算出された。つまり、当時の常識に疑問を投げかけたものであった。

なお、本文で述べたように、最初は、距離が既知のX線連星系のX線バーストから、放射源の半径を得て、中性子星であることがわかった。観測的にどの天体の半径もおよそ一致していることに加え、中性子星の半径は、理論的におよそ同じ値であることが予想されている。そこで、今度はその半径を前提として、右記のように銀河中心までの距離を推定したものだ。これをきっかけに、銀河中心までの距離が国際的にも見直された。現在では、当時よりも二割近く小さくなっている。

この成果は、日本のX線バーストの観測結果と、X線バーストが中性子星表面から出るという日本の理論家の綿密な理論との、両者の合わせ技の一本だった。

そこで、距離がある程度わかったX線バーストを調べて、球を仮定すると、半径一〇キロメートルほどの大きさと計算された。半径があまりばらつかないため、このような天体は中性子星と結論付けられた。なぜなら、半径一〇キロメートルと小さい天体で安定してこれほど高温になれる天体は中性子星以外にないからである。こうして、X線バーストは、中性子星表面全体が、丸ごと二〇〇〇万度の灼熱の球体になって一〇秒ほどで冷えていく現象であると、説明できた。

このX線バーストの爆発に至る経過は次のようになる。

相方の星から中性子星にガスが降りこむにつれ、中性子星表面でのガス密度も高くなる。ガスは膨大な落下エネルギーを得ているので、温度も上がる。そのとき、（老いた中性子星のように）磁場が弱いと、中性子星の表面全体にガスがいきわたる。やがて、それら積もったガスの中で高温で高密度の熱核融合が起こる条件が整う。太陽の中心での温度も密度も高い熱核融合が起こるのと似た条件である。

この降り積もるガスは、普通、宇宙に多く存在する水素やヘリウムのガスが基本になっている。水素ガスは軽く、核融合反応が起こりやすいため、降り積もるとすぐ核融合する場合もある。一方、それより重いヘリウムガスはすぐには核融合を起こさない。やがて、相当量のヘリウムガスが中性子星の表面に溜まった頃には、ヘリウムガスの核融合反応に必要な高温高密度が達成され、火がつくことになる。いわば、水素爆弾よりもすごいヘリウム爆弾が中性子星の全表面で誘発されることで、X線バーストとなる。

爆発的にヘリウムの熱核融合反応が起こる条件は、ガスが中性子星表面に一様に静かに積もっていくことだ。ヘリウムが局在しないよう、強い磁場がないことも条件になる。また、ガスの降り積もる量があまりにも多いと、落ちるやいなやすぐ核融合反応が起こるため、一気の爆発にはならない。たとえばX線パルサーは磁場が強いため、両磁極にガスがドッと流れて、落ちるとすぐ磁極付近で熱核融合が起こるため、X線バーストのような大きな爆発にはならない。ちょろちょろと核融合が起こる場合は、重力エネルギーで熱くなったガスから放射されるX線にかき消されるわけである。中性子星表面では、局所的には熱核融合よりも重力エネルギーの方が大きいのである。

このX線バースト、つまりは中性子星表面で起こるヘリウム爆弾は、広島に落とされた原子爆弾に比べると一兆の一〇〇万倍（10^{18}）もの威力をもつ爆弾が一瞬に爆発する強烈なものである。これほどの爆発がくりかえされても、中性子星はビクともしない。中性子星がいわば地上のものならぬ固く重い天体だからだ。しかも、重力がきわめて大きいため、爆発物は中性子星表面から飛び出すことさえできない。

このX線バーストが起こる面積は半径一〇キロメートルの球面だから、広島市全域ほどに小さい。しかし、原子爆弾の一兆の一〇〇万倍の威力は、地球を木端微塵にするだけでなく、月までもX線照射で超高温に溶かしてしまうだろう。

X線バーストを起こすX線星はこれまでに六〇天体ほど見つかっている。それらX線バーストのデータを使って、中性子星表面を探る研究もできる。その三例について紹介する。

第一の例として、X線バーストのスペクトルを詳しく調べると中性子星の表面の重力の大きさを探ることができる。日本の「てんま」衛星による一九八三年のある観測では、爆発で高温になった放射線の中に鉄の原子が出す特性X線スペクトルの吸収線が見つかった。アインシュタインの一般相対性理論では重力によって光の波長が長い方（エネルギーが低い方）にずれる。重力による赤方偏移と呼ばれる現象だ。この見つかった鉄元素の吸収スペクトルのエネルギーは、本来の位置よりも六〇パーセントほど波長が長い方にずれていた。このずれこそ重力赤方偏移にほかならない。重力が強い中性子星の表面でこそ見られる特殊な現象だった。

第二の例は、中性子星表面で起こる現象を調べると、中性子星の回転がわかるというものである。X線バーストを起こす中性子星は古いため、磁場が弱くパルサーとしてはなかなか見つからない。そのため、中性子星の自転の様子は普通わからない。さて、X線バーストの起こりはじめとか、冷えていくときなどに、ムラになった表面の状態を観測して回転を探ることができる。精密観測が要求され、簡単ではないが、成功したいくつかの観測例によれば、一秒間に数百回転もしている様子がわかってきた。周期が一〇〇〇分の一秒に近いため、ミリ秒パルサーとも呼んでいる。生まれての中性子星がミリ秒の周期をもつことは期待される。しかし、数十億年経った年老いた中性子星もミリ秒パルサーだったのである。前者は磁場が強く、後者は磁場がきわめて弱いという違いがある。もっとも、弱いといっても、地球磁場の約一億倍もあるのだが。

第三の例として、可視光線の望遠鏡でX線バーストと同時に観測した結果がある。X線バーストはいつ起こるかわからないので、簡単な観測ではない。その結果、光でもバーストをするが、X線

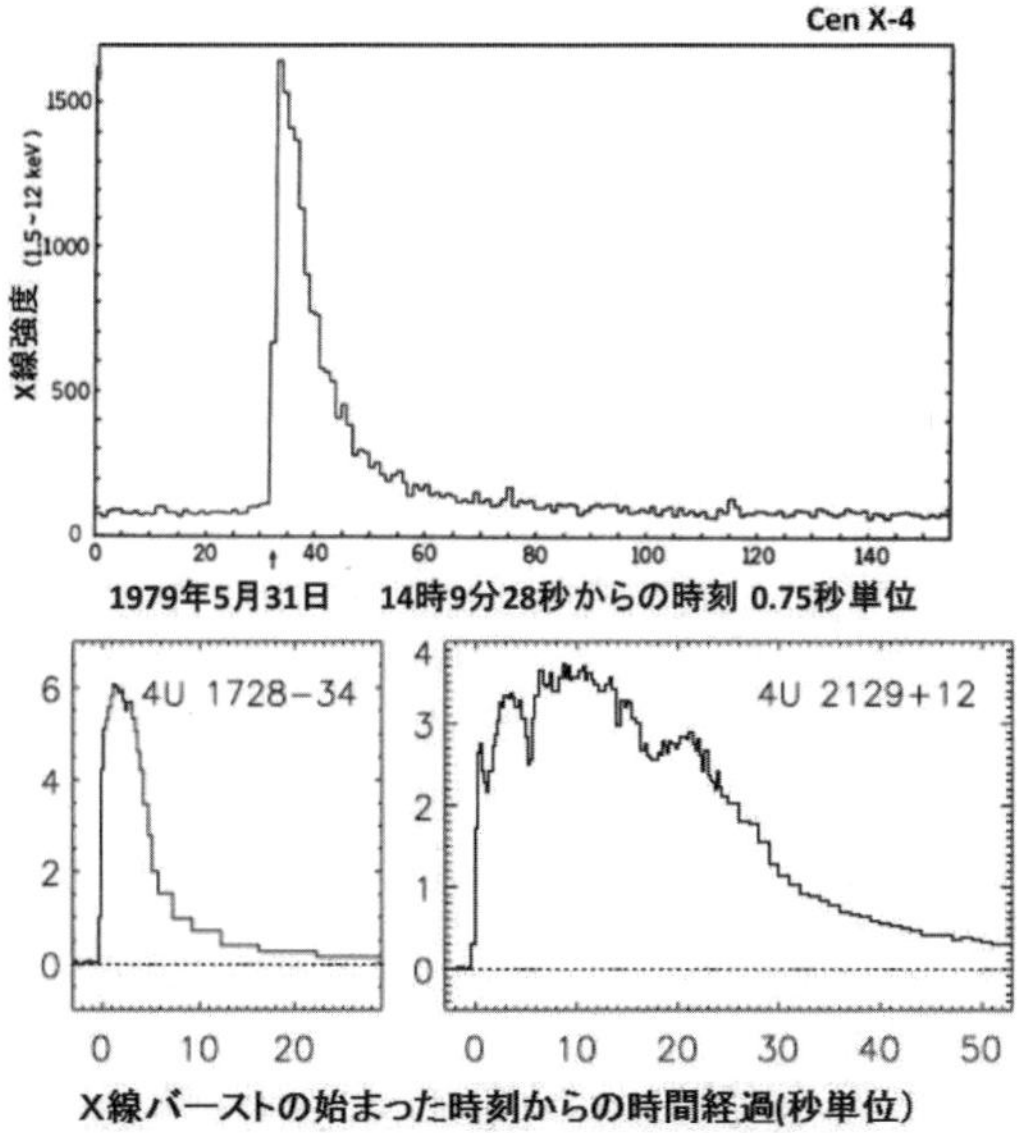

図5.7　（タイプⅠ型）**X**線バーストの強度変化の例

1〜3秒かかって立ち上がり10秒以下で減衰するもの、100秒ほどかかって完全に消えるものなどがある。大きなバーストでは最高点で数秒程度変動して留まった後、減衰するものもある。いずれの強度変化も最高の強度では、2000万度ほどの黒体放射のスペクトルを示し、減衰とともに黒体放射の温度が低くなる特徴を示す。

より一秒程度遅れて、X線よりはゆっくりとした変化になることがわかった。これは、X線バーストの直接光ではなく、そのX線が少し離れた相方の星や取り囲むガスにあたって暖められたガスが光ると考えられる。X線バーストを仲介に周りのガスを診断できるわけである。

第三の例に関連し、広い帯域のX線でX線バースト観測することにより周りのガスの状態を探ることができる。中性子星の周りにはX線バーストの温度よりも一〇倍以上高い温度の薄いガスがあると考えられている。これも簡単な観測ではないが、観測例は存在する。そのデータによると、中性子星を取り囲む高温ガスが、X線バーストによって温度が下がる現象が見られた。これは、X線バーストのX線光子が強烈なため、周りのガスがバーストのもつ温度（前述のように最高二〇〇〇万度）と同じ程度に冷却されたことを意味する。

❷ 〝スーパー〟X線バースト

一九七〇〜一九九〇年代に研究が盛り上がったX線バーストも、基本的なメカニズムがわかってきた。前節でまとめたように、今では、X線バーストは降り積もったガスが中性子星表面に溜まって核融合爆発を起こす現象だと理解されている。その際、溜まったガスの量はバーストごとに相当の差があるだろう。降り積もったガスが多くなったときには、大きなバーストになるようだ。

なかでも極端に大きなX線バーストをスーパー（X線）バーストと呼んでいる。これは、通常のX線バーストの一〇〇〇〜一万倍の千秒〜一日近くも長く続くX線バーストである。最大光度は、中性子星が出せる理論的限界（囲み記事で解説するエディントン限界光度）に達するものもあるが、達しないものもある。燃料は、通常のX線バーストの数千倍にもなる。燃料が多くても最大光度がそれほど大きくならないものは、核融合爆発が中性子星表面から少し埋もれたところで起こっていると解釈される。が、この解釈はまだ研究途上にある。

エディントン限界光度

一定の質量をもった天体が何らかのメカニズムで放射する場合、理論的最大放射エネルギーがある。放射する圧力とその天体のもつ重力がつり合うときの放射に相当する。このエネルギーは、質量が決まれば一定の値として決まる。この原理を見つけたイギリスの天文学者（A.Eddington）の名前をとって、エディントン限界光度と呼んでいる。仮に、それより大きいエネルギー放射が内向きにいって逃げ場所がなければ、その天体は放射のエネルギーでばらばらに壊れる。X線バーストは外向きにエネルギーが逃げられるから、表面での爆発で中性星が壊れることはない。第三章で述べた古典新星も表面の爆発のため、外に逃げ場があり白色矮星は壊れない。一方、超新星は、内部爆発でエディントンを超える爆発である。

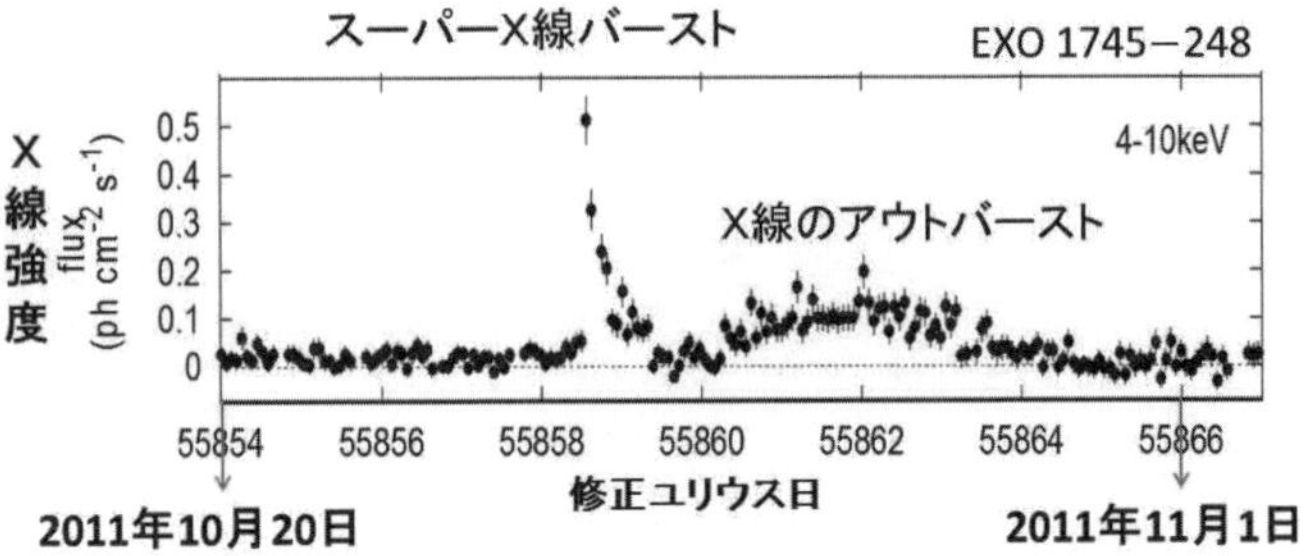

図5.8　スーパーX線バースト

このスーパーX線バーストは、このバーストが降着円盤を刺激して通常のX線のアウトバーストを起こしたように見受けられる。この現象は、ターザン5という球状星団にある中性子星の低質量連星系（EXO 1745-248）で観測された（芹野ほかマキシチーム提供）。

スーパーX線バーストの観測例はまだ少ない。X線バーストは我が銀河系で一日に数個発生しているが、スーパーX線バーストは一〜二年に一回しか見つからないまれな爆発である。これまでのX線天文学の歴史でも二五例ほどしか報告はない。大量のガスがあってヘリウムの熱核融合爆発から、炭素のような軽元素の熱核融合まで起こっているようである。通常のタイプIX線バーストも核融合爆発は炭素の燃焼まで進むようであるが、スーパーX線バーストはその規模が桁違いに大きいものだ。

スーパーX線バーストは観測例が少ないとはいえ、一部のX線天体はスーパーX線バーストを複数回起こしている。つまり、磁場の弱い中性子星はどれでも遅かれ早かれ炭素などの核融合の燃料が溜まって、スーパーX線バーストを起こす可能性がある、という単純なものではなさそうである。連星でガスを中性子星に注入する主星（ドナー）がかなり進化していて、炭素や酸素やネオンなど、中質量の元素を含むガスを星風として放出する状況だと、スーパーX線バーストを起こしやすいようでもある。このドナーとなる星は、恒星ではなく白色矮星が多い。ただ、まだ不明なことも多く、スーパーX線バーストの研究は連星系の進化の話にも発展しているようだ。

スーパーX線バーストの史上最大のものは、一九六九年にケンタウルス座のCen X－4というX線新星で起こったもので、ベラ衛星で観測された。そのX線観測強度は、X線全天でもっとも明るいさそり座 X－1の五倍にも達し、地球の電離層にも影響を与えるほどだったという。ただ、このスーパーX線バーストの観測データは衛星や観測器が現在のものより初期のものだったため、詳細な情報は少ない。

マキシもまた、六年余りの観測で九個のスーパーX線バーストを観測している。しかもその一つは、スーパーX線バーストが爆発して静まった頃、新たなアウトバーストが起こった。あとで起こったアウトバーストは中性子星周りの降着円盤（本章（3）❺）からガスが中性子星に落ちこむ、いわゆるX線新星型の爆発であった。スーパーX線バーストという中性子星表面で起こった核融合爆発が、本章（3）❹で述べる降着円盤を刺激して新たな爆発を起こしたようである。爆発が爆発を誘発した現象と見受けられる。これが地球近くで起こったら最悪の出来事になるが、宇宙ショーとしてはその観測結果やメカニズムの謎解きは歓迎すべきイベントであった。

X線バーストの観測は、スーパーX線バーストまで含めると、中性子星で起こる核融合やその結果の爆発のメカニズムなどまだ興味あることが出てきそうだ。いつ起こるかわからない短時間の現象のため、大型のX線望遠鏡では観測機会が少なく、全天X線監視装置が活躍する。ただし、詳細観測が困難なため、まだまだ観測データを稼ぐ必要があるところだ。

❸中性子星と白色矮星で起こる熱核融合爆発は何が違うか

第三章で登場した光の新星（古典新星）は、白色矮星に溜まったガスが主に水素の核融合で爆発したものだった。この場合、X線は強く光らない。溜まったガスの下層のみが燃えて、上層のガスは燃えず、その上層部のガスが厚くX線を通さないからである（第三章（3））。一方、中性子星の表面で起こる核融合爆発（X線バースト）の場合、溜まったガスはほぼ全部燃えて、X線で輝く爆発が観測される。そのとき、通常、水素は早々と燃えて、主としてヘリウムの核融合爆発となる（本章（3）❶）。核融合の温度も、水素核融合よりも高くなる。水素とヘリウムとの違いで温度が違うとはいえ、核融合爆発しているところは両者とも大変な高温になっている。

さらに、中性子星で起こるスーパーX線バーストになると、燃えるガス量も多くなり、さらに高温で炭素の核融合まで簡単に起こる規模の大きいものであった（本章（3）❷）。これに対応する白色矮星で起こる核融合爆発は、Ｉａ型超新星爆発になって何もかも吹っ飛んでしまう（第七章（3）で後述）。Ｉａ型超新星爆発では、星のエディントン限界光度（前節囲み記事参照）をはるかに超えた熱核融合が起こる。しかし、爆発のときX線はそれほど強く出ない。吹き飛んだガスが多く、内側の高温度領域を覆うため、X線がそこで遮られるからである。スーパーX線バーストでは、少し深い層で核融合が始まるが、表面のガスはほとんど核融合を起こすためX線が強く、その一方で中性子星は崩れずビクともしない。

白色矮星と中性子星の表面で起こる核融合爆発で、なぜこのような違いが起こるのか？　それは、表面の重力の違いが原因だ。中性子星と白色矮星では表面の重力は一〇万倍ほどの差がある。

表面で核融合爆発が起こったとき、白色矮星では、爆発と同時に降り積もったガスが外に吹き飛び膨張する。爆発に伴って発生する衝撃波がこのガスを熱して光で見えるようになるが、X線が発生するほどの温度にはならない。ただ、白色矮星は質量に大きな差があるため、古典新星の爆発には多様性があることは第三章（3）で述べた。

一方、中性子星表面で大きな核融合爆発が起こっても、重力が大きいため、ガスは外に膨張することはあっても吹き飛ぶには至らず、表面に引き戻される。さすがの核エネルギーも中性子星の重力エネルギーにはかなわない、といってもよい。そこで、爆発のエネルギーがこのガスを熱し、ガスの温度として転化される。中性子星表面で発生する最大の黒体温度は、その半径（一〇キロメートル）のために約二〇〇〇万度と決まり、この温度より高くはならない。発生するエネルギーが大きければ、放射している時間が引き延ばされるだけであり、それが前節で登場したスーパーX線バーストだ。この二〇〇〇万度は、X線がもっともよく放射する温度で、可視光ではほとんど見えない。ただし、周りの降着円盤（本章（3）❺）ガスが温まり、またX線が連星の相方の星を照らして熱くなった部分が光のバーストとして観測される（本章（3）❶の末尾に取り上げた三番目の観測例）。

これが、これまでの観測で確認されている爆発現象である。

しかし、宇宙では何が起きるかわからない。たとえば中性子星に白色矮星が合体して、核融合爆発を起こすシナリオは考えられる。この場合は、むしろ爆縮してブラックホールができるかも知れない。しかし、観測的にはまだ確認されていない。また、さらに壮絶な中性子星と中性子星の合体もあるはずだ。第八章で述べる短時間だけ輝くガンマ線バーストの一つはこの合体が起源という有力説もあるが、まだ確定はしていない。中性子星も吹き飛ぶ爆発を見てみたいものだ。

❹輝けるX線新星

一九七九年六月、英国のX線天文衛星アリエルVに搭載された全天X線監視装置は、ケンタウルス座の一角からX線新星ケンタウルス座　X－4を発見した。その頃活躍しだした日本の第一号X線天文衛星「はくちょう」もこれをとらえ、この新星を追うことができた。X線強度はどんどん明るくなり一週間ほどで最高の強度に達し、最高強度近くで激しく変動した後、二週間ほどで消えていった。興味あることに、消えていく途中、典型的な大きなX線バーストが一回だけ放出された。このX線バーストを解析することで、このX線新星は中性子星と普通の星が連星になったものであることがわかった。

このとき、ケンタウルス座　X－4の方角が可視光でも観測された。その結果、最高等級で一三等星になった後、一九等星に減光した光学天体が見つかり、それがケンタウルス座　X－4だと同定された。光で発見される新星（古典新星）は明るくなる前に比べると一〇等星を超えて増光することがよくある。このX線新星は可視光では六等星の増光だから、古典新星ほどではないものの相当ではある。しかし、X線が圧倒的に強いところが、通常の古典新星とは違う。

これは、両者のメカニズムの違いによる。古典新星は、白色矮星表面での水素の爆発的核融合で、周りにガスがあることもあってX線放射が弱く、可視光が圧倒的に強い（第三章（3）、本章（3）❸）。X線新星は、核融合反応ではなく、中性子星の周りに連星の相方の星から急にガスが降り注ぎ、降着円盤の内縁あるいは中性子星の表面が一〇〇〇万〜二〇〇〇万度ほどになってX線が強く出る（詳しくは次節を参照）。この高温領域をすべて覆うガスはなく、直接X線で見える。また、これほどの高温になると、可視光は弱くX線でしか見えない。ただし、周りのガスや主星がX線で熱せられて二次的に出る可視光はあり、それが弱いながらも光の変光星として見える。

このX線新星ケンタウルス座X－4に関して、実はその一〇年前の一九六九年に同じ方角にX線新星が見つかっていたという記録がある。ベラ5A／B衛星のX線観測で見つかったもので、日本のロケット観測でもX線スペクトルが得られている。このときは方角決定の精度がそれほどよくなく、可視光の対応天体は見つけられなかった。だから、両者が同じかどうか正確にはわからない。

しかし、一般に、X線新星は時をへだててくりかえされる性質がある。たとえば、じょうぎ（定規）座に4U 1608－52というX線星がある。X線のアウトバーストが一年とか二年ほどでくりかえし起こることで知られている。この再帰X線新星は中性子星と太陽よりも軽い星の連星系で

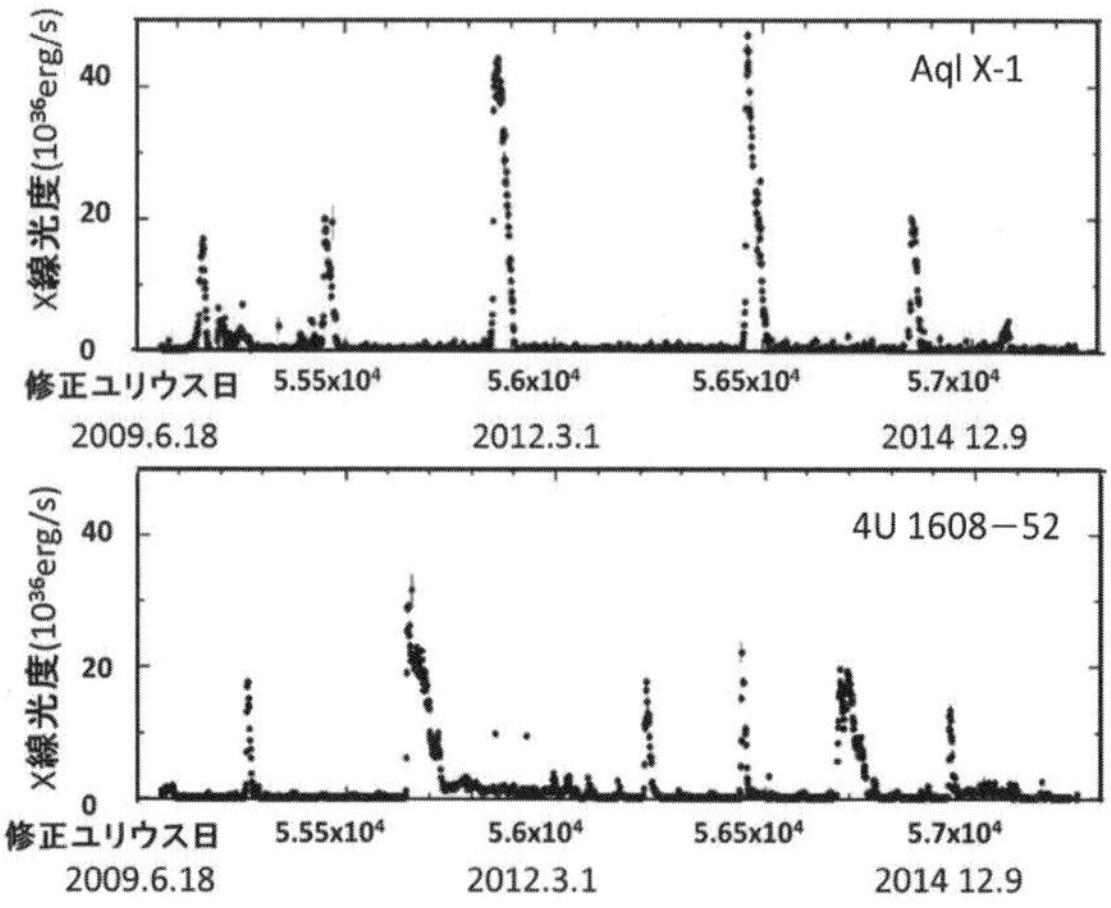

図 5.9　再帰 X 線新星の長期の X 線強度変動

再帰 X 線新星わし座 X-1（Aql X-1）と 4U 1608−52 の X 線の強度変化曲線。マキシで観測した 2〜10 キロ電子ボルトの 1 日ごとの X 線光度を 5 年半余にわたって二つの X 線連星系（Aql X-1 と 4U 1608−52）で示した。どちらも大きなアウトバースト（本章（3）❻のライオンの大吠え）が、不規則にくりかえされている。

ある。その相方の星の気まぐれでアウトバーストが起こると考えられているが、いつ起こるか予測できない。数十年、数百年の間隔を経て再度X線新星となって現れる再帰X線新星があっても不思議ではなく、ケンタウルス座 X－4もその一つの可能性が高い。

　磁場が弱い中性子星の連星で再帰X線新星となって現れるものとして、ケンタウルス座 X－4、4U 1608－52のほかに、わし座 X－1、コンパス座 X－1などいくつか見つかっている。五〇個を超える同種の連星系の進化の中で、アウトバーストという巨大な爆発をくりかえす期間が古典新星に比べると短い。これは、爆発のメカニズムの違いのほか、連星の普通の星（主星）の相方が中性子星か白色矮星かの違いによるものだ。次節で述べる降着円盤の物理や進化の全体像を解くために貴重な研究対象となっている。

これらのアウトバーストの最中のX線スペクトルは、一般に、比較的軟らかくなる（一〇〇〇万～二〇〇〇万度ほどの黒体放射のスペクトルの混合）傾向があることはわかっている。しかし、X線源ごとに違ったり、アウトバーストごとに違ったりするほか、X線バーストを出したり、電波ジェット（第六章（2）❸参照）を出したりと、いろいろ個性的なのも事実だ。また、再帰X線新星わし座X－1と4U 1608－52に代表されるこれらの仲間について知られる四つの状態を囲み記事にまとめたので、興味のある方は参照されたい。

X線新星の四つの状態

4U 1608－52とわし座X－1は代表的な再帰X線新星だ。この二天体の詳細な研究から、（X線パルサーよりは）磁場の弱い中性子星の低質量連星系が、そのX線光度に応じて、四つの状態を取ることがわかってきた。

（一）静かでほとんど輝いていない時期（静穏期）

（二）静穏期から大幅に光度が増加し、スペクトルが硬い（エネルギーが高い帯域まで延びてい

る）時期（硬い低光度期）

（三）硬Ｘ線の光度がさらに増大して、変動が激しくスペクトルも硬い時期（硬い高光度期）

（四）硬い高光度期からさらに増光し、スペクトルが軟らかくなった時期（軟らかい高光度期）

再帰新星では、しばしばこの四状態を観測できる。静穏期は、中性子星の表面に降着ガスもなくなる時期である。降着するガスが弱く、中性子星の磁場がシャットアウトしている状態だ。硬い低光度期は、中性子星に降りこむガスの量は増えるものの、磁場をもち高速回転する中性子星が、降りこむガスの一部を蹴散らしている時期である。このとき、一部のガスは磁極の領域から入りこむ。硬い高光度期になると、中性子星のほぼ全面にガスが落ちこみ、スペクトルは硬い状態になる。降着率がさらに増えて、スペクトルが軟らかくなると、その光度も強くなる。このときガスは、中性子星の特に赤道方面に多く落ちこむ。スペクトルが硬い状態から軟らかい状態に変化することを、特に、状態遷移と呼んでいる。降着円盤そのものの形態も、これら四状態によって変わる（本章(3)❺参照）。

なお、アウトバーストの最高強度から減衰していくときは、軟らかい高光度期、硬い高光度期、硬い低光度期、静穏期の道筋をたどる。

107　(3) 磁場の弱い中性子星と普通の星が連星になっていると

ここで、述べた四つの状態は中性子星の低質量X線連星系に一般的にいえるものである。再帰新星はこの四つの状態を短時間（数カ月〜一年）で見せる。しかし、一般の低質量X線連星系は、この状態の一つに留まっているものや、隣り合う二つの状態を行き来するだけのものが多い。

❺現代天体物理学の挑戦——降着円盤の物理

前節に述べた4U 1608-52やわし座X-1は、間隔に違いがあるものの、時々大きなX線のアウトバーストを発生する。非常に弱い時期もあり、そのときは大きなアウトバーストの最高時に比較して一万分の一以下、可視光の等級で表せば一〇等級を超える差になる。

X線新星のエネルギー源は、突き詰めれば重力エネルギーの急激な解放だ。古典新星が白色矮星表面で起こす核融合爆発による（第三章（3））のと対照的だ。この重力エネルギーの開放によるアウトバーストは、連星系になったコンパクト天体（白色矮星、中性子星、ブラックホール）の特徴である。

コンパクト星の相方の星（主星またはドナー）からガスが放出されると、そのガスは渦を巻きながら、コンパクト星の周りに円盤状に溜められる。それを降着円盤と呼ぶ。この降着円盤を通じて、重力エネルギーがX線放射などで解放されていく。X線新星はこの降着円盤のさまざまな状態を見

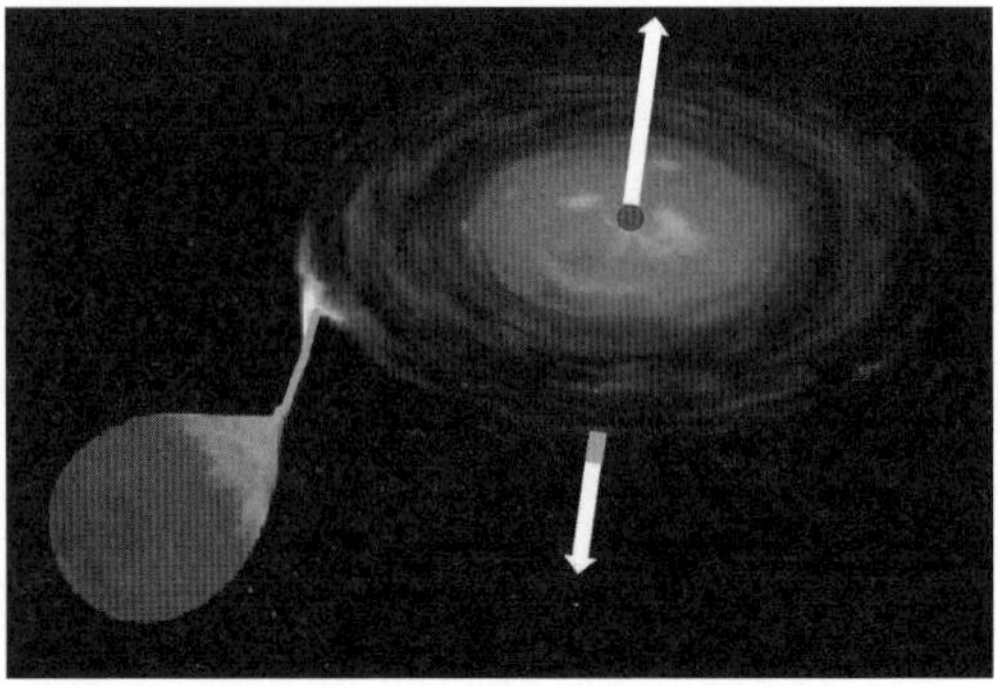

図 5.10　低質量連星系の降着円盤

低質量の星と中性子星またはブラックホールの近接連星系では、星からのガス放出時には図のように中性子星またはブラックホールの周りに降着円盤がつくられX線を放出する。この図の降着円盤は比較的安定な状態の場合を示したが、相方の星からのガス放出が不安定なため、降着円盤の形もX線放出も変動する。中性子星ではジェット（第六章（2）❸参照）が出ることは少ない。コンパクト星がブラックホール（第六章）の連星系でも同様の構造となるが、円盤の構造は複雑な形態を示す。ブラックホールの降着円盤ではジェットが出ることが多い。ジェットは高速のガスが噴き出し、そこで衝撃波が発生し高エネルギー粒子が生成される。その結果、電波から光のジェットとして観測される。降着円盤を横から見た図は図 6.3 を参照のこと。

せてくれるものだ。

降着円盤の研究は、コンパクト星がさかんに観測されだした一九七〇年頃から本格的にはじまり、以来、四〇年以上にわたって研究が続けられている。その重力エネルギーの解放のメカニズムは複雑だ。降着円盤では、熱を発生したりして不安定な変化がよく起こる。その不安定な状態によって、コンパクト星に急にドカンとガスが落下したり、あるいはそれをジェット（第六章（2）❸で詳説）と放出して電波を出したりする。

それら降着円盤の内側では、X線を出すほどの高温ガスになる。また、コンパクト星が白色矮星や中性子星の場合は、降着円盤からコンパクト星表面に落ちたガスも高温になる。一方、コンパクト星がブラックホールの場合、そこに吸いこまれると放射は出ない。

降着円盤の物理を複雑にしているのは、渦巻いているガスの回転速度が内側になるほど速く回っていることによる。隣り合うガスの速度が違うと摩擦が生じ温度が上がる。温度がどんどん上がることで、円盤内のガスは電離してプラズマ状態になる。プラズマ状態でガスが回転すると、電気が発生し磁場が生成される。降着円盤が安定しているときの温度分布は、コンパクト星に近い内側の温度がもっとも高く、外側に行くにしたがい温度が低くなる多温度状態になる。密度が高いため、そこからの放射はそれぞれの温度に応じた黒体放射に近いものとなる。内側になればなるほど温度が高いため、放射も自然に強くなる。

しかし、このような降着円盤の安定状態は長くは続かない。主星から流入するガスの量が変化することで、安定な降着円盤を狂わせる。加えて、重力が強くなるにしたがい、降着円盤の物理はさらに複雑さを増す。重力が最も強いのはブラックホールなので、その周りに形成される降着円盤の物理はもっとも複雑、ということになる。なかでも、ブラックホールを含む系でしばしば顕著なジェット（第六章（2）❸参照）の物理は未解決の問題が多い。また、降着円盤は、これまで取り上げたコンパクト星の周りだけでなく、巨大ブラックホールをもつ活動銀河核（第九章）でも普遍的に存在する。この複雑な降着円盤の物理は、宇宙物理学における一つの大きなテーマとなっている。

降着円盤のからむ現象でもっとも顕著なものは、アウトバーストをしたり、しなかったりすることである。アウトバーストをして放射強度が増すと一般にX線放射が軟らかくなって、X線スペクトルは数百万～数千万度の黒体放射でよく表される。その前後ではスペクトルが高エネルギーまでもあり硬い状態になる。先に述べた中性子星のアウトバーストは、降着円盤の状態（構造）がはっきりと変わる（〝遷移〟する）一例である。ただし、現実には、その中間の状態もあり、一筋縄ではいかない。

コンパクト星の周りに存在するのは、実は降着円盤だけではない。まず、コンパクト星に近いところに高温のガス雲があることがわかっている。このガスはコロナとも呼ばれている（第四章（4）で述べた星のコロナと少し似ている）。また、降着円盤はコンパクト星の表面近くまできているものの、星表面に接触しているわけではない。星の表面と降着円盤の内端の間には混沌としたガスがあり、そのガスの様子は定式化されていない。それは白色矮星、中性子星、ブラックホールの順序で複雑になっている。太陽コロナの起源がまだ解かれていないように、ブラックホールや中性子星の高温コロナの起源や構造はわかっていない。

また、これらは第六章（2）❸で後述するジェットとも関係しているようである。加えれば、ジェットよりずっと遅い速度でガスが外に向かって大量に流れ出している現象（アウトフロー）も観測されていて、最近のトピックになっている（第九章の活動銀河の章も参照）。これらは理論的にも観測的にも複雑で、その解明は今も残る課題だ。

❻ライオンの大吠えと猫のゴロゴロ

X線アウトバーストにはそのX線スペクトル的に硬軟二つの状態がある（本章（3）❹の囲み記事）。中性子星低質量連星系をよく調べると、アウトバーストといえるほどの大きな強度変化を伴うことなく、小さな強度変動のみながら、スペクトルが状態遷移する場合があることがわかってきた。

大きな変動のアウトバーストの際は軟らかい状態が長く続く。また、アウトバーストのくりかえし間隔が数カ月から二〜三年と長いのが普通である。一方、小さな変動の場合、軟らかい状態は短く、くりかえしも、数日〜数十日と短い様子が見てとれる。

大きな変動の硬軟の状態の変化は降着円盤全体が大きく変化する現象として説明されてきた。一方、小さな変動も、理論家はすでにこの現象を三〇年前に予言していたことが最近わかった。やはり、降着円盤の特殊な不安定性で理論的に説明できるようだ。

おもしろいことに、理論家は大きな変動の不安定性を〝ライオンの大吠え〟と称し、小さな変動の変化を〝猫のゴロゴロ〟と名付けていた。観測結果（**図5・11**）を見ていただきたい。この名付けも納得がいくことだろう。理論家と観測家の交流が十分でなかったためか、このユーモアな呼び名も普及していない。そこで、筆者たちは最近観測の結果を出して、的を射たネーミングだと再認識して論文を発表した。

これは、京都大学の嶺重慎が米国に滞在中に同僚と名付けたものである。研究の世界でも、新し

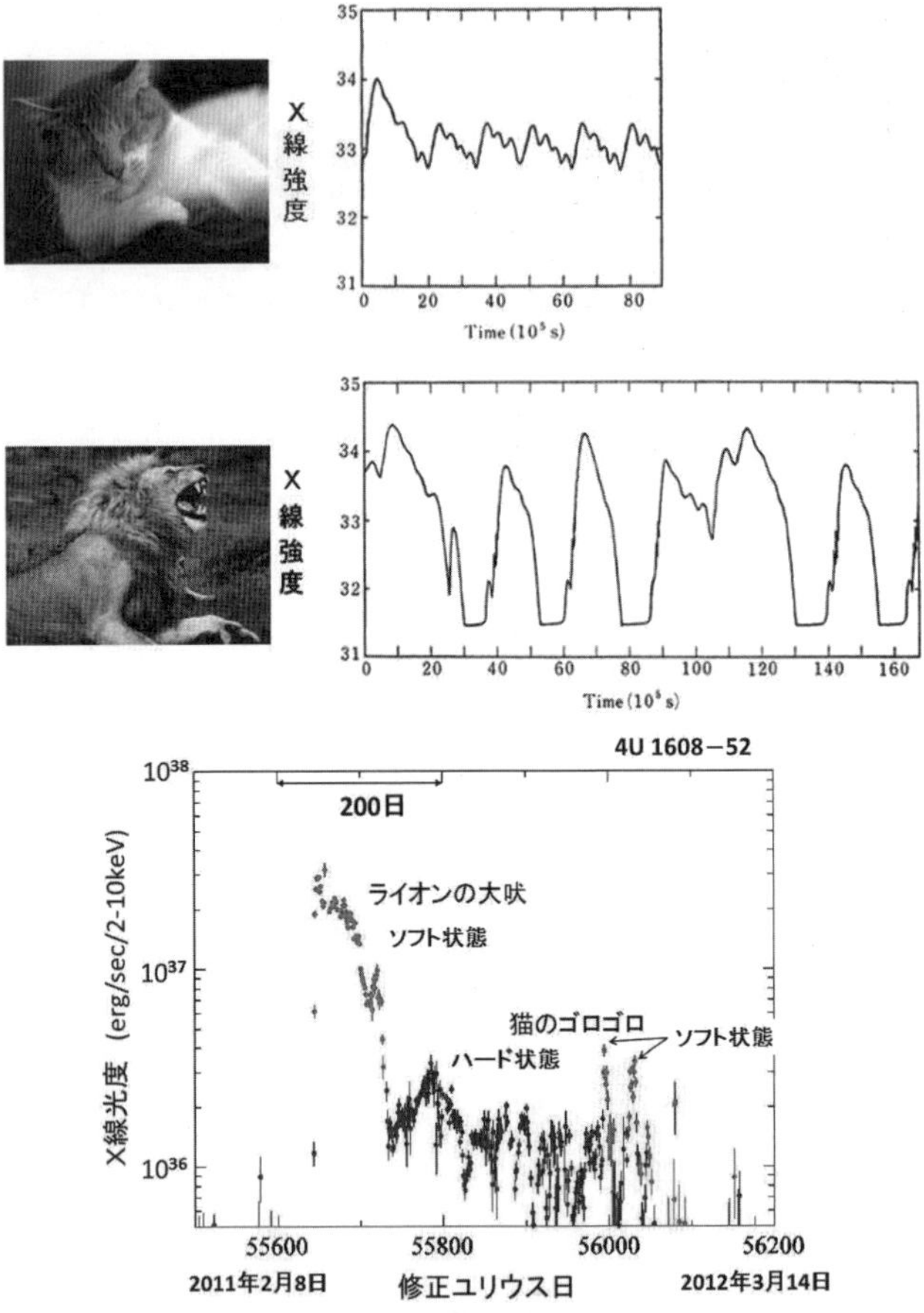

図 5.11　ライオンの大吠えと猫のゴロゴロの変動

コンパクト天体（白色矮星、中性子星、ブラックホール）周りに形成される降着円盤の変動。降着円盤の不安定性により振幅の大きい変動（ライオンの大吠え）と小さい変動（猫のゴロゴロ）が理論的に予想された。マキシの観測は二つのこの変動を確かめた。上の 2 つの図は理論で予想された変動の様子。下の図は再帰 X 線新星 4U 1608-52 で観測された実際の X 線の変動の例である（浅井ほかマキシチーム）。

い研究成果や現象のネーミングは重要だ。うまく興味をひくネーミングをすると、その研究成果が広く普及する。〝ブラックホール〟とか〝ビッグバン宇宙〟はその真の意味がわからなくとも、一般の人々にも深く浸透している例である。

この〝ライオンの大吠え〟と、〝猫のゴロゴロ〟の二種類のアウトバーストは、白色矮星の降着円盤で基本的理論がつくられたが、中性子星でもブラックホールでも降着円盤の不安定性の現れとして起こることがマキシで観測されている。ただし、巨大ブラックホールをもつ活動銀河核周りの降着円盤では、まだ観測的には確かめられていない。

❼コンパス座 X-1の奇妙な話

銀河系のX線天体に大変奇妙な振舞いをするX線源が三つある。はくちょう座にあるはくちょう座 X-3、コンパス座のコンパス座 X-1、銀河中心近くにあるラピッドバースターである。これらは一九七〇年代から観測されているが、仲間とは違った奇妙な振舞いが見られ、天文学者に難題を提供してきた。ここでは、コンパス座にある強いX線源コンパス座 X-1を紹介しよう。

南天のコンパス座 X-1は一九七一年に発見された後、一〇年ほどはその変動の激しさのためブラックホール天体だと考えられていた。ところが、通常のX線バースト(本章(3)❶参照)が検出されたことで、コンパス座 X-1は中性子星を含む連星系であることが確定した。連星周期は一六・六日、相方の星は太陽の一〇倍ほどの質量をもつB型星かA型星と同定された。

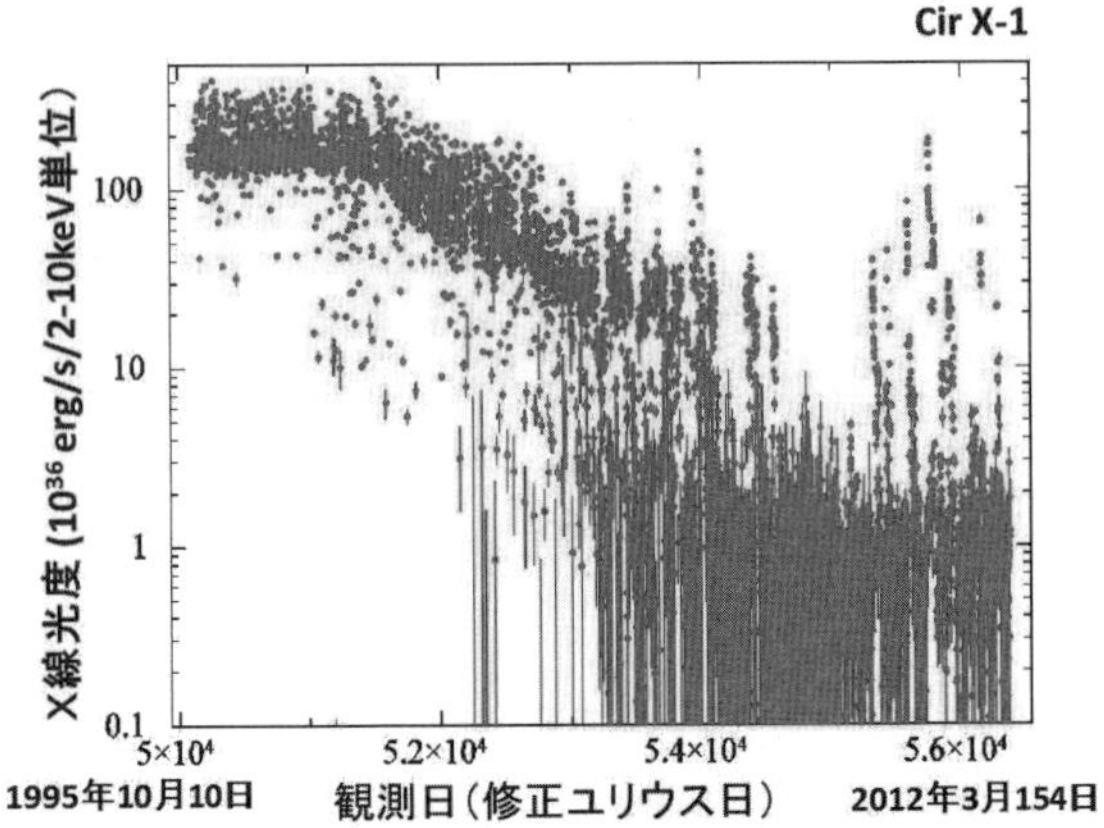

図5.12　コンパス座 X-1 の長時間の X 線の強度曲線

1996〜2012年にわたるX線強度のモニターを示す。2004〜2006年から常に輝いていたX線が、再帰新星のように連星周期16.6日ごとにライオンの大吠タイプのアウトバーストをする変動に代わった。しかし、このアウトバーストのプロファイルもそろったものでなく、時にはアウトバーストがすっかりなくなることもある。X線強度の変動が予想できない激しいX線星である（図編集：浅井）。

ところが、コンパス座X-1のX線放射は、むしろ（磁場の弱い中性子星の）低質量連星系に似ている。そもそも発見されたX線バースト自体、老いて磁場が弱くなった中性子星連星系の特徴であり（本章（3）❶）、若い星であるB型またはA型星と連星を組んでいることと矛盾する。これは、コンパス座X-1だけに特有の状態だ。

一九八〇年代の終わり頃から二〇〇〇年代の初め頃までは、コンパス座X-1はつねに（X線全天で二番目に明るい）かに星雲のX線強度にもなる大変強いX線を定常的に出していた。ところが、二〇〇五年頃より、時々アウトバーストをする状態に変わった。強度の強いときと弱いときの差は一〇〇〇～一万倍にもなっている。この五年ほどでは、コンパス座 X－1は四回のアウトバーストを起こしている。ちょうど、わし座 X－1や4U 1608－52のように一年ほどの不定期の間隔でアウトバーストをくりかえしているのと似ている。アウトバーストの形も、二～三日で立ち上がってゆっくりと強度が減衰する低質量X線連星の様相に似るものだけでなく、一日足らずで急に強度が一〇〇分の一以下になるアウトバーストも見かけるようになった。しかも、アウトバーストが急に消える時期は中性子星が相方のB型またはA型星にもっとも近付くときと決まっている。このような振舞いは、ほかのどの中性子星やブラックホールのX線連星でも見かけたことがない！

さらに最近、チャンドラX線天文衛星の観測で思いがけない発見があった。このコンパス座 X－1は五〇〇〇年弱前に爆発した超新星の名残の高温ガスにドップリと囲まれているというのだ。五〇〇〇年弱前にコンパス座で爆発した超新星を古代人類は見ていたかも知れないが、当然ながら記録はない。この事実は、コンパス座 X－1の中性子星の年齢が五〇〇〇歳程度ときわめて若いことを強く示唆する。したがって、先に述べた相方の星がB型かA型の寿命の短い星である矛盾は解消した。一方、中性子星の磁場の進化の常識を破ることに、コンパス座 X－1の中性子星は、生まれたときから磁場の強さが通常の一〇〇〇～一万分の一しかなかったものだったと考えざるを得なくなった！

これを認めると、中性子星ができたとき、磁場のきわめて弱いものからきわめて強いものまで幅広く存在することになる。その差は一〇〇万倍ほどになって、中性子星の磁場の形成の謎がますま

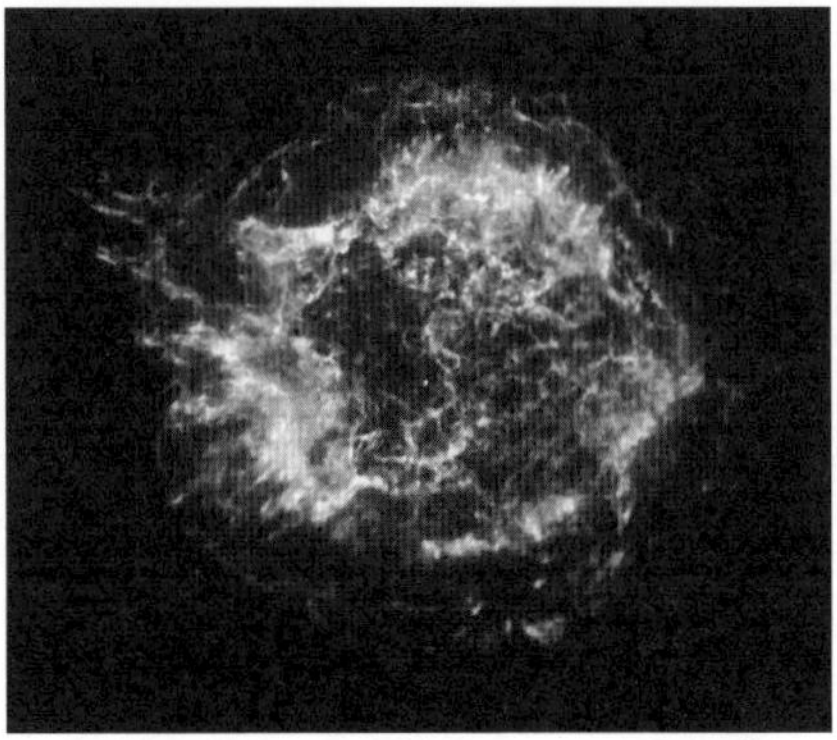

図 5.13　カシオペヤ座 A の X 線画像

中心には中性子星が見つかったが、X 線では大変弱くしか輝いていない（NASA チャンドラ X 線天文台提供）。330 年ほど前に爆発したカシオペヤ座 A と、ほぼ 1000 年前に爆発したかに星雲の画像（**図 7.1**）に多くの違いが見られる。このことは超新星爆発の多様性を物語っている。

す深まる。

生まれて間もない中性子星の磁場がきわめて弱い例がもう一つ、カシオペヤ座Ａという超新星残骸の中心で見つかっている。カシオペヤ座Ａは三三〇年ほど前の超新星の爆発で生まれた高温の丸い雲である。電波の一ギガヘルツ（一ＧＨｚ）帯域では全天でもっとも明るい天体である。また、この超新星の爆発でできた高温のガスは、エネルギーの低いＸ線でも強く輝いている。

カシオペヤ座Ａでは長年、超新星の爆発でできたであろう中性子星またはブラックホールの探査がなされてきた。一九九九年ようやくＮＡＳＡのチャンドラＸ線天文衛星でコンパクトなＸ線星が発見された。その後の観測で、これは二〇〇万度ほどの表面温度をもつ、単独の中性子星だとわかった。しかも、パルサーではなく、磁場の推定値は地球磁場の二〇〇〇億倍（10^{11}ガウス）以下と、中性子星としては弱いこともわかってきた。つまり、生まれて三三〇〇年しか経っていないのにもかかわらず磁場がきわめて弱く、コンパス座X-1の中性子星に似ている。磁場が弱く、パルサーではなかったため、チャンドラX線天文衛星の精密X線観測以前の電波やX線の観測では発見できなかったのも当然だった。

このような観点で改めて見ると、超新星の残骸の広がった電波雲の中で、中心にパルサーが見えないものがいくつかある。（第七章で述べる）Ⅱ型超新星の場合、超新星爆発の後、中心に中性子星かブラックホールができるとするのが定説だ。そして、中性子星であれば、若い中性子星は磁場が強く、電波パルサーとして見えるのが今までの常識だった。しかし、超新星残骸でパルサーが見えないものが少なからずあることから判断して、コンパス座X-1やカシオペヤ座Aのように、若くても磁場の弱い中性子星がほかにもいくつもあるのだろう、と考えられる。

中性子星の生まれ方の多様性やその磁場の多様性は、今も謎の残る興味ある課題だ。

(4) 中性子星の特徴と進化

❶超高速回転をする中性子星

これまで、爆発の観点から中性子星に関わる話をしてきた。ここで、誕生から老いていく標準的な中性子星の変化を見てみよう。

中性子星は、八倍の太陽質量を超える星の超新星爆発で誕生するとされる（本章（1）❷）。超新星の爆発前に起こる爆縮で、多くの場合、一旦は中性子星が形成されるようである。その後、重い星の場合はブラックホールになることが多いようだ。この一連の経過が爆発的に短時間で起こる。

ある程度の速さで自転していた星が、はるかにサイズの小さい中性子星に凝縮されるため、角運動量保存の法則にしたがって中性子星の自転は速くなる。これは、バレリーナやフィギュアスケーターが手を広げて回転していた状態から手を胸にくっつけて回転を速くするのと同じ原理である。爆発前の星の半径と中性子星の半径は数十万～一〇〇万倍の違いがある。したがって、できたての中性子星は、数ミリ～一〇ミリ秒の周期で自転していると考えられる。こうして、高速自転する中性子星が生まれる。

現実には、若い中性子星のミリ秒パルサーの観測例はない。生まれたての中性子星の周りにはガスがたくさんあるため、検出が困難だからだろう。そして、ガスが晴れ上がって観測で検出される頃までには、周りのガスによってかかったブレーキのため、自転が遅くなっているのだろうか。しかし、本当の理由はよくわかっていないのが実際だ。

生まれて間もない有名な中性子星は、かに星雲の中心にあるかにパルサーで、およそ一〇〇〇歳、三三ミリ秒の周期だ。生まれた直後は今より一〇倍は速く回転していたと考えられるが、そのときの自転周期は正確にはわかっていない。中性子星も生まれて数万～一〇〇万年も経つと、〇・一～

一秒程度の自転周期になり、それらが単独の電波パルサーとしてたくさん見つかっている。

回転周期が三三ミリ秒はもちろんのこと、一秒であれ、これほど短い回転周期の天体は中性子星以外には存在しない。小さくて質量が大きい星のため、原理的に周期が一ミリ秒近くまで自転できるわけだ。とはいえ、一ミリ秒より小さい自転周期の中性子星はあり得ない。ガスが外側から吹っ飛んでしまうからである。

中性子星が恒星と連星系になっている場合は、相方の星からガスが流れこむことで、中性子星の自転が影響を受ける。本章（2）で述べたX線パルサーとなり、秒前後から一〇〇〇秒の自転周期をもつ中性子星となる。X線パルサーとして存在するのは、数十万年以下のまだ若い、したがって磁場の強い中性子星だろう。

実は、自転周期が一・五ミリ秒ほどの高速自転する中性子星は、生まれて数十億年ほども経った老いた状態の中性子星で見つかっていて、リサイクル電波パルサーと呼ばれる。これは、（本章(3)で述べた）低質量連星系の中性子星や、そのなれの果ての中性子星だ。リサイクル電波パルサーについては、本章（4）❸で詳しく解説する。

それにしても、半径一〇キロメートルの球体が、一秒間に一〇〇〇回近い自転数で回っている様子を想像すると、いかにすごいかがわかる。太陽より少し重く、半径一〇キロメートルの星が新幹線の車輪以上に速く回っているのである。仮にこれを転がせば、光速の一～二割のスピードで遠ざかっていくことになる。

❷中性子星の強力な磁場の起源

連星系になっているX線パルサーは、通常、数十万〜数百万年ほど経っているものと考えられている。その磁場は地球磁場の一〇兆倍ほどにもなる。なぜこれほど強力な磁場ができるのだろうか。その詳しいメカニズムはよくわかっていないまでも、おおざっぱな理解は以下のように可能だ。

中性子星ができるときは大質量の星が爆縮してできると述べた（本章（1）❷）。大きな重い星は電離したガスをもちつつ自転しているため、何らかの磁場をもっている。実際、太陽でも黒点では地球磁場の一万倍に達する磁場があることはよく知られている。中性子星になるような大質量星も、太陽磁場、またはさらに強い磁場をもっていることだろう。そんな大質量星が超新星により一〇〇万分の一に爆縮されたときには、星の磁場もろとも一〇〇万分の一の大きさに閉じこめられることになる。そこで、地球磁場の一〇兆倍も可能な値だと推定できる。現実には、驚くことに、中性子星によっては地球磁場の一〇〇〇兆倍にもなるものまであるようだ（本章（2）❸、第八章（2）❹参照）。

しかし、それだからこそ、本章（3）❼で述べたコンパス座 X－1の弱い磁場は謎だといえる。コンパス座 X－1は生まれて五〇〇〇年も経っていない若い中性子星の連星系だった。けれども、その磁場は、通常のX線パルサーや電波パルサーに比べ一〇〇〇分の一以下だ。何か特別な中性子星誕生のシナリオがあるのだろうか。中性子星の磁場の形成については、現在の宇宙物理学の最大の謎の一つだ。

なお、こうして強かった中性子星の磁場も、低質量連星系の中性子星に見られるように、数十億年以上経過すると五桁ほども弱り、地球磁場の一億倍ほどに弱ってしまう。しかしその場合であってさえ、中性子星以外では、宇宙でこれほどの磁場をもつ天体は存在しない。ただし、中性子星の磁場が弱くなるメカニズムはわかっていない。コンパス座X－1のように、超新星爆発後五〇〇〇年足らずの中性子星の磁場が一〇億年も経った中性子星同様に弱い磁場をもっている観測例がある。このため、低質量連星系の中性子星も初めから弱い磁場をもっていたとの極端な説もあって、これを完全には否定できない。中性子星の進化はまだわかっていないことが多い。

❸黒い毒蜘蛛からリサイクルパルサーへ

低質量連星系は、数十億年も経った中性子星と、十分に進化した軽い星との連星系である。しかも、短い連星周期でどんどんと中性子星に渦巻くガスを送り続けている。連星周期が一一・四分のものまである。このガスの流入が、中性子星の自転をどんどん加速していくことになる。長い年月の後には、中性子星は、ミリ秒パルサーになる。

このミリ秒パルサーは（孤立する前の）低質量連星系の時代には、通常の〝X線パルサー〟として認知されていたものではない。ましてや、電波パルサーとしても活躍していない。相方の星のおかげで、やっと、ミリ秒パルサーの地位を確保したものだ。こうして復活したパルサーのため、リサイクルパルサーとも呼ばれている。リサイクルパルサーは老いて磁場が弱いため、若い中性子星パルサーとは違って、きわめて弱い信号しか出せない。

一方、相方の星はガスを放出することで質量を徐々に失うため、連星周期が短くなり中性子星に近付く。最後には、高速に自転している中性子星の勢いで蹴散らされてしまう。ガスを放出していた星だから、後述のように降着円盤を通して中性子星がすっかり呑みこむこともあるだろう。その場合は、中性子星は（もはや連星系ではない）単独のミリ秒パルサーになる。

ミリ秒の自転周期をもつリサイクルパルサーについて、おもしろい見方がある。低質量連星系は中性子星と質量の小さい星の近接連星系であるが、相方の主星（ドナー）は、はじめのうちは中性子星にたっぷりとガスを供給し、中性子星を立派なX線源として目立たせる。これが続くとやがてこの主星からのガスの放出量が少なくなり、X線星としても目立たなくなる。ただし、その頃には、中性子星はミリ秒周期で猛烈な自転をしている。つまり、X線放射がなくなったとはいえ、自転のエネルギーは最高に達するわけだ。磁場が弱いとはいえ、自転のエネルギーは大きいため、周りの電子を加速して電波パルサーになろうとする。そのとき、この迫力で、小さくなって近付いてきている主星をも溶かしてしまうことになる。

この現象は、黒い毒蜘蛛または後家蜘蛛とも呼ばれている。主星の方から見れば、はじめは普通の星として中性子星にガスを供給していたのが、老いてガスの供給ができなくなると、勢いを増した中性子星に溶かされてしまう。しかも、その中性子星が増した〝勢い〟、つまり自転エネルギーは、主星が供給したガスなのだ。せっせと貢いでいたものの、貢ぐものがなくなると、全部奪われ消えてしまう哀れな星の運命ともいえよう。一方、単独になった中性子星はミリ秒の電波パルサーとして存在を見せつけ末長く生きながらえるのである。

その後、長い年月が経ってそれら単独の中性子星の磁場も自転も弱ってしまうと、もはや観測できる信号は出せず、天文学の観測の視界からは消えていくのだろう。そのような中性子星はわが銀河系の中には数多くあると考えられている。もしそれらが復活すると、どんな姿になるかはわかっていない。ガス雲や小天体に遭遇することがあったときに一瞬輝いたりするかも知れない。

(5) 中性子星のこれからの問題と失敗談

中性子星が観測的に発見されてからほぼ五〇年になる。この間、中性子星の強い磁場に起因する電波パルサーや、強い重力場でできる降着円盤によるさまざまな性質が観測的に、また理論的に研究されてきた。このため、中性子星についてはかなりのところまでわかってきた。中性子星で残っている大きな問題は、強力な磁場をつくり出している内部を含めた中性子星自身の構造である。この観測はこれまでの観測を続けるだけでなく、何か新しい手法が必要であろう。ここでは、大変興味あるとっかかりが見つかったかに見えた観測結果の失敗談の話をしよう。

筆者たちが、コンパス座X-1の謎を解くため、この中性子星の自転周期を何とかして決めようと過去の観測データを調べていたときのことだ。マキシのデータを参考にして、自転周期が見つかりそうなところのＮＡＳＡのロッシ時間変動探査衛星（ＲＸＴＥ）という衛星のデータを解析した。その結果五ミリ秒ほどの周期らしい兆候を見つけた。ところが長期にわたって調べてみると、五ミリ秒からわずかに時間的にずれる周期変動があり、単純な中性子星の自転では説明できない振舞いを示した。

この振舞いで思い出したのは、中性子星で起こった大きなバーストで奇妙なミリ秒の振動が発見された報告であった。その報告では、その振動は中性子星の殻の振動ではないかと解釈されていた。解析していた対象天体が奇妙な中性子星をもつコンパス座Ｘ－１であったことも加勢して、これぞ中性子星の殻の振動が見つかったかと、筆者たち解析グループは色めき立った。ただ、長年の研究から、新しい発見はそんなに簡単ではないことも知っている。そこで、さらなる解析を進めるとともに、観測装置のチェックをＮＡＳＡの担当者に尋ねた。その結果、それは残念ながら観測装置に起因する偽のミリ秒の周期性であることが判明した。二〇一三年夏の二週間ほどの出来事だった。

実は、中性子星の殻の振動はミリ秒ほどだという理論計算もある。観測的には、右記で述べた大きいバースト時の一例の報告のみで、それも一つの観測にだけ基づいたものなので、まだ確かめられていないといってよい。これは振幅が小さいため、そのほかの雑音に隠されているのかも知れない。

殻の振動問題だけでなく、中性子星の内部を探るための観測は、将来の問題として残っている。理論的には、中性子星の内部は超電導とか超流動になっていると考えられている。ヘリウムが液体になると、通常の液体とは違って流れに抵抗がなくなり、極端に流れやすくなることが知られていて、それが超流動だ。中性子星の内部が実際に超流動になっていれば、高速に自転する中性子星は、硬い殻と内部とは何らかの違いがあるだろう。本章（2）❻で述べたX線パルサーの周期変動の様子を精密に観測できれば、何らかの様子がわかってくるかも知れない。ただし、強い磁場の影響もあれば雑音が多いため、その観測には、ブレークスルー相当の工夫が必要となるだろう。

いずれにせよ、中性子星の構造の解明は、地球上では実現できない極限物質だけに、物理の本質的な法則が潜んでいるに違いない。この解明には爆発的な変化を捉える必要があるのかも知れない。

1　サイクロトロン吸収線：磁力線に巻きついて回る電子のエネルギーに相当する回転数は、磁力線の強度に正確に対応がつく。X線は、その電子のエネルギーに一致するところで電子にエネルギーが吸い取られ、X線の吸収線が見えることになる。つまり、磁力線に巻きついた電子の回転数が、吸収されるX線の周波数に一致する。

第六章　X線新星からブラックホール天体の発見は続く

⑴ ブラックホールの魅力

宇宙物理学の世界で、ブラックホールはとても魅力的な天体だ。

重力はあっても通常の物質としては取り扱うことができないきわめて特殊な天体である。質量を測定できてもその内部を知ることができない。重力があるため、これに近付く物質は、落下エネルギーをもらって、時には攪乱され爆発現象を起こす。ブラックホールには質量の上限も下限もないため、いろいろな場面で活躍している。本章では、星ほどの質量をもつブラックホールが爆発的に活躍する話をしよう。

❶ 二種類あるX線新星

X線新星は、毎年一～三天体の割合で発見されている。そのうち約半分は、ブラックホールが普通の星（恒星）と連星系を形成しているものだ。残り半分の多くは、先に述べた中性子星が普通の星と連星を組んだX線パルサーと低質量X線連星である。さらに、白色矮星が関与する新天体もわずかにある。

マキシは、五年ほどの全天観測の期間に、新X線天体を一五個独自に検出した。最近は、X線で見つかる六～七割の新星がマキシによって発見されている。この一五個のうち、六個がブラックホール新星、中性子星の存在を示すX線パルサーと低質量連星系が合わせて三個、白色矮星の新星が一個だった。残りの五個は、X線が弱いこともあり、正体が確定されていない。

私たちの銀河系には、ブラックホールも中性子星も数千万～一億個はあると考えられている。ブラックホールの方が少ないと考えられるものの、正確な数はわからない。それでも、現在見つかっている数に比べ圧倒的に多いことは間違いない。潜在的に存在していて、突然姿を表すのがX線新星である。ブラックホールの場合、単独で存在していると、年齢が若くても検出されることがない。その点で、通常、例外はあるが（第五章（3）❼参照）電波パルスを発する中性子星とは対照的だ。

ブラックホールが連星系として伴っている星の多くは質量が小さい。B型星のように重い星との連星系は、はくちょう座X－1などあることはあるが、きわめて少数である。この点も、中性子星の連星系と違うところである。実際、五〇を超えるX線パルサーの相方の星はほとんどがB型星だ。ブラックホールの形成や進化の過程で質量の小さな星が相方に選ばれた（あるいは、そうなった）と考えられるものの、詳細はわからない。このような連星系のためか、ブラックホールへのガスの降着は不安定で、X線新星として登場し、消えていくものが多いようである。

❷ブラックホールの発見

ブラックホールも中性子星と同様に、まず、理論的な研究が先行した。その理論はアインシュタインの一般相対性理論を導入して構築されていった。ここで、難しい理論は別にしてブラックホールについて、簡単な思考実験をしてみよう。

どの星にもその重力に応じた脱出速度というものがある。たとえばかつてのボイジャー探査機、あるいは現代の冥王星探査機ニュー・ホライズンズは、地球の引力を振り切るだけの速度まで加速されたからこそ、外惑星探査ができた。地球表面において地球の引力を振り切るための脱出速度は、高校物理で習うニュートン力学を使って、秒速一一キロメートルと比較的簡単に計算できる。太陽が地球程度の大きさまで縮んだのが白色矮星だったが、その場合の表面の重力は当然桁違いに大きく、したがって秒速約六〇〇〇キロメートルの脱出速度が必要になる。中性子星の場合はさらに桁違いで秒速約二〇万キロメートルだ。

さて、仮に太陽の質量を保ったまま、中性子星の半径一〇キロメートルよりさらに圧縮したらどうなるだろうか。半径が三キロメートルになったところで、必要な表面脱出速度が光速（秒速三〇万キロメートル）を超えてしまうことが計算できる。アインシュタインの一般相対性理論では、この世界のいかなるものも、光速を超えることはできないとする。したがって、そんな星表面から

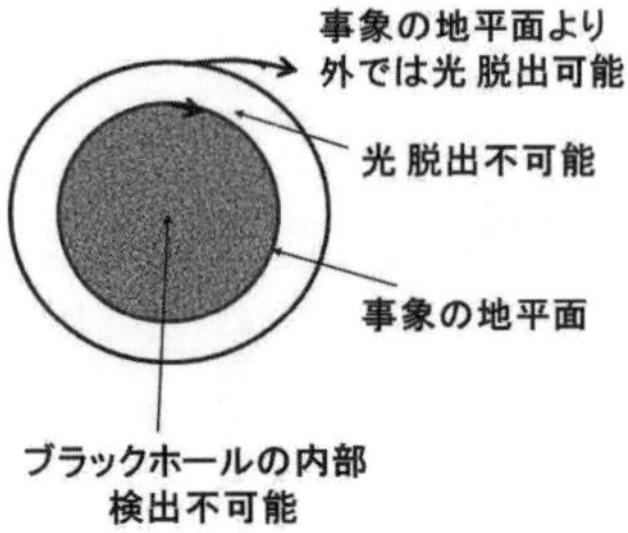

図6.1　ブラックホールからの光の脱出

事象の地平面からは光すら外に出られない。事象の地平面から少し離れると光は脱出可能である。ブラックホールの内部の状況は、現在の技術では観測不可能である。

は、光も含めていかなるものも脱出できなくなる。当然、観測も不可能である。

この限界に相当するところを〝事象の地平面〟と呼び、それを超えてその内側で成立している天体がブラックホールである。ここで考えた太陽質量の天体の場合は、〝事象の地平面〟の半径は前述のように三キロメートルだ。それがブラックホールの実質上の半径で、〝シュヴァルツシルト半径〟と呼ばれる。

ブラックホールの物理学はアインシュタインの一般相対性理論にしたがって高度な数学が必要になる。しかしこのように半径を求めるだけであれば、高校物理の範囲で可能だ。〝シュヴァルツシルト半径〟は、質量に正比例することがわかる。

さて、一九六〇年前後から理論と観測との両面から、現実の宇宙でのブラックホール探しがはじまった。はじめ、連星天体で質量が大きく、小さい天体が探された。さらに、奇妙な振舞いをする天体が候補に挙がったが、決め手がなく、模索の時代が続いた。

そのしばらく後、X線の観測がはじまって、ブラックホールらしいと指摘される天体が本格的に登場した。その手始めがはくちょう座にあるはくちょう座 X－1と名付けられたX線源だ。今日、はくちょう座 X－1はブラックホールとO（オー）型星の連星だとほとんどの天文学者は信じている。このブラックホールの質量はほぼ八倍の太陽質量とわかっている。X線の変動観測やスペクトル観測から同ブラックホール天体の半径がきわめて小さいことも推定できる。しかし、半径は直接に観測されていない。したがって、科学的に厳密な表現で述べるならば、ブラックホールの可能性が限りなく高い天体といえるだけではある。天文学のニュースで、しばしばブラックホール〝候補天体〟という用語が登場するのは、そういう科学的厳密性を考慮した背景があるのだ。

はくちょう座 X－1がブラックホールを伴っていると唱えたのは、NASAが打ち上げた第一号X線天文衛星ウフル（UHURU）衛星のデータを解析した小田稔たちであった。これを受けてボルトン（C.T.Bolton）は八・九等星のO型星に同定した。この星が五・六日の周期をもっていて、O型星と組んでいる星が七倍の太陽質量を超える見えない天体の存在を見つけ、これこそブラックホールだと指摘した。こうしてはくちょう座 X－1は、X線と光の見事な連携観測が一九七一～一九七二年になされ歴史的なブラックホールの誕生となったのである。

ブラックホールは中性子星やほかの種類の星と違って、原理的に質量に上限も下限もない。小さいブラックホールは、原理的には加速器を使ってつくることが可能である。一方、太陽質量程度からその数百万〜数億倍の質量のブラックホールは宇宙に大量に存在する。これらの活動は激しい変動や爆発を起こし、本章（2）❸で述べるジェットも出している。本章では、まず、星程度の質量のブラックホールの爆発的な活動の様子を考えてみよう。

（2）史上最強のブラックホールX線新星？

❶X線と光のアウトバースト

いっかくじゅう（一角獣）座に発生したA 0620-00というX線新星の話からはじめよう。これは一九七五年に見つかったX線新星で、X線と光で約八カ月間観測が続けられた。X線観測史上もっとも強いX線源[注1]であり、ブラックホールX線新星である。これを発見したのは、その頃活躍しはじめたイギリスのアリエル五号のX線天文衛星に搭載された全天X線監視装置だった。その当時、わが国はまだX線天文衛星をもっていなかった。しかし、X線衛星の準備中でX線新星の研究の機運は高まっていたため、いち早く光で同定されたA 0620-00の明るさの推移を可視光で追った。驚くことに、そのX線強度はX線観測史上最大だったにもかかわらず、光ではたかだか一一等星が最高等級で、X線が消えたときは一八等星であった。光では注目されていない暗い星であった。

この爆発状況は光で見つかる新星（古典新星）とまったく異なる。ちょうど、その頃アマチュア

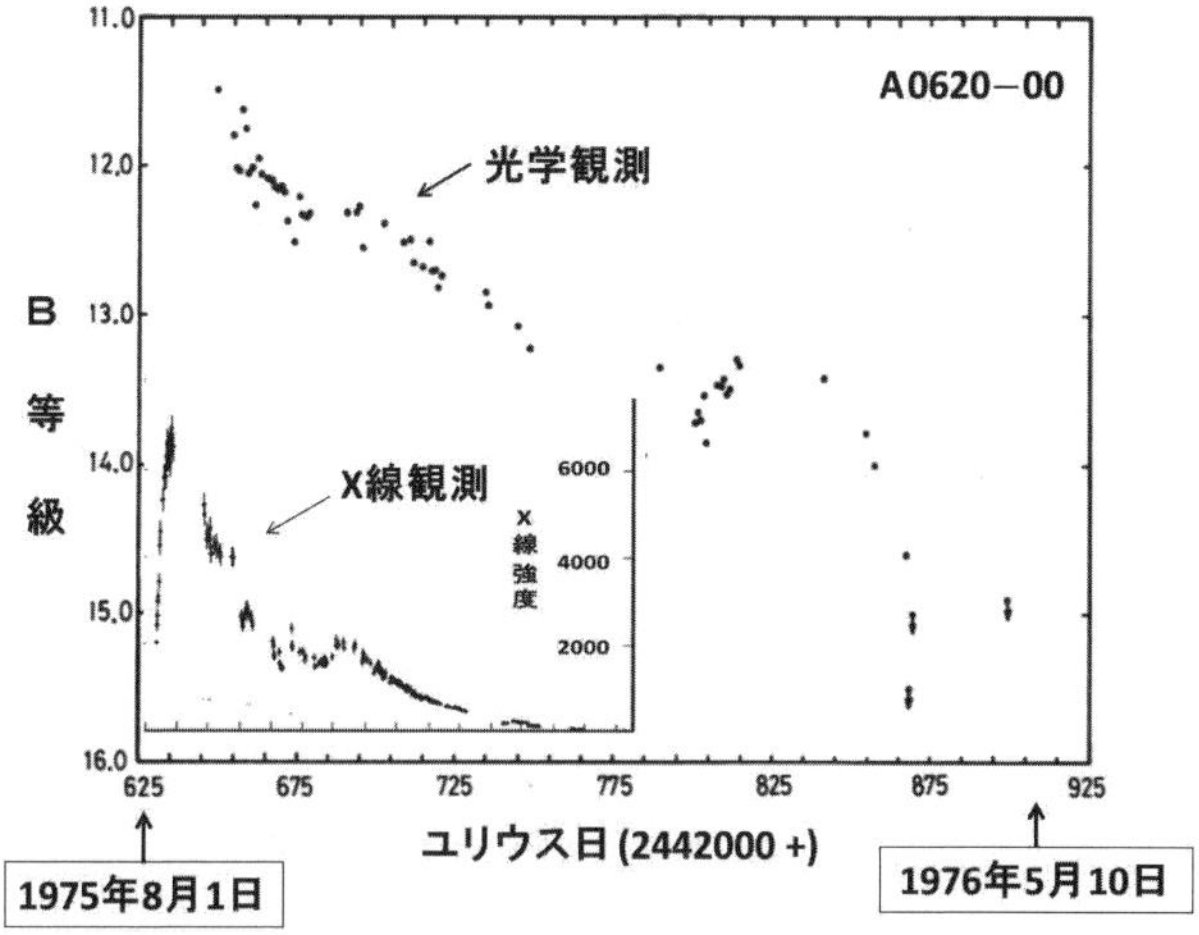

図 6.2　ブラックホール新星 **A 0620-00** の **X** 線と光の光度変化

いっかくじゅう座で発生したブラックホール新星 A 0620-00 の爆発初期から消えていくまでの X 線と光の強度変化を示す。光学観測と X 線観測のグラフの横軸は共通で同じスケールにしてある。光学観測の縦軸は（見かけの）等級、X 線観測（**図 6.5** にも示した）は X 線のカウント数（観測強度）で示してある。

天文家の長田・本田の二人がはくちょう座に普通の古典新星（白鳥座Ｖ１５００星）を発見した。その最高等級は一・七等星にもなったが、Ｘ線強度はＡ　０６２０−００に比べ一〇万分の一を下回った。爆発光が消えたとき、可視光ではほぼ二一等星だった。

　これは、Ｘ線新星と古典新星との決定的な違いである。古典新星は白色矮星の表面に積もったガスの水素の核融合爆発によるため、光で強く観測できる（第三章参照）。ブラックホール連星系のＸ線新星は、第五章（３）❹で解説した中性子星を含む連星系のＸ線新星とほぼ同じで、降着円盤がにわかにできて、Ｘ線で強く光るものの、光ではそれほど光らない（第五章（３）❹、

（3）❺参照）。

A 0620−00のX線強度の時間変動は、その頃活躍していた米国のSAS−3（第三号小型天文衛星）というX線天文衛星により調べられた。最高強度に達する少し前から観測し、二回ほどのX線強度の盛り上がりを経た後、八カ月ほどでX線は消えてしまった。X線のスペクトルは先に述べた中性子星の低質量連星系に比較的似ているものの、ブラックホールX線源のはくちょう座X−1に似る部分もあった。また、中性子星をもつX線新星で見つかるX線バーストはついに見つからなかった。これは、落ちこんだガスを安定に溜めて水素やヘリウムの熱核融合爆発を起こす場所がないことを意味する。底なしのブラックホールにガスが吸いこまれていったとすればつじつまが合う。

同定された光学天体が明るい間、可視光等級の変動は世界的に日々観測され、X線強度変動とよく似た変化が見られた。また、光の詳細な分光観測などから、この天体は太陽質量の数倍の質量をもったブラックホールと、太陽よりも暗い恒星が七・八時間の連星周期で回っている近接連星ということがわかった。ブラックホールの方が重いため、主星がブラックホールの周りを回っている連星系になる。

A 0620−00からのX線はブラックホールの周りに急激に形成された降着円盤や、その付近から強烈に放射されたものだと考えられている。一方、光はこの強力なX線が周りの降着円盤の外の方や、主星を照らして光っているのが主だとされる。もちろん、主星自身も光っているため、X

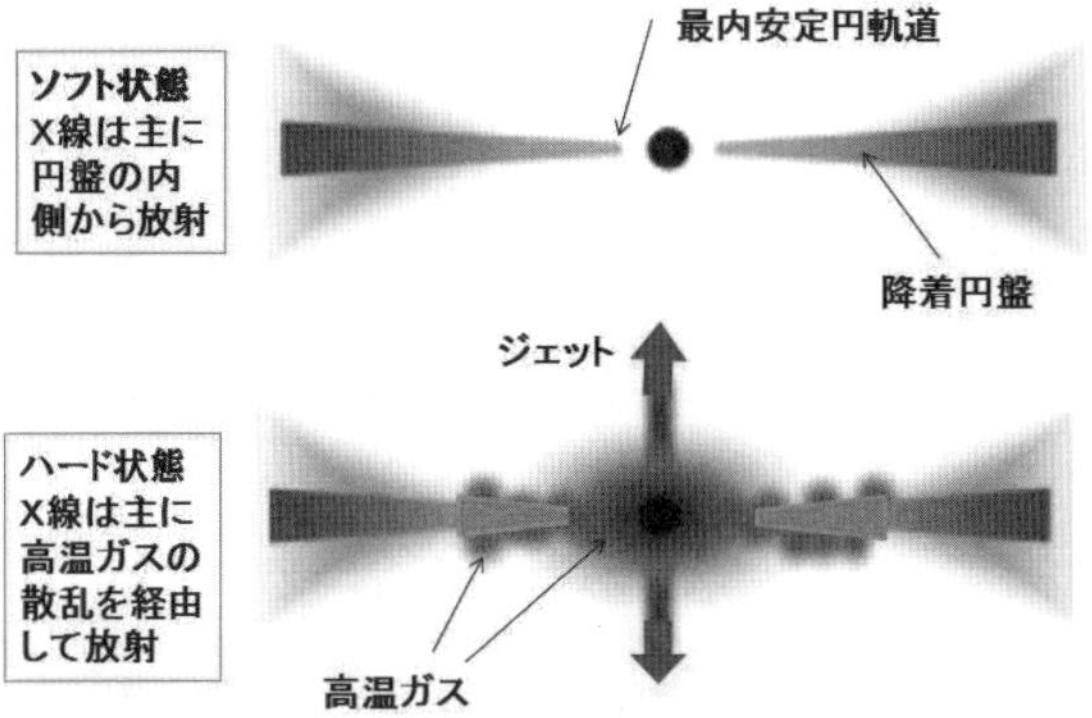

図 6.3　ブラックホール周りの降着円盤と X 線の放射

降着円盤の典型的な二つの状態、軟らかい状態（ソフト状態）と硬い状態（ハード状態）の様子を示す。図は降着円盤を横から見たイメージ図である。降着円盤は中心のブラックホール質量や降着してくるガスの流入、相方との距離等によって、さらに、いくつかの構造をとり複雑である（C.Done et al. A & A Rev (2007), **15** の図を編集）。降着円盤を円盤が見えるような方向から見たイメージ図は、**図 5.10** を参照のこと。

線の放射がなくなるとその星からの弱い光だけが観測されることになる。

Ａ０６２０－００のブラックホールの出現は、Ｘ線観測がはじまって本格的にＸ線と光で観測がなされたＸ線新星であった。Ｘ線強度の最高レベルは四〇年ほど破られなかったこともあり[注1]、これを契機にブラックホールＸ線新星の研究が一段と進んだのである。そのメカニズムの概要を次節で説明しよう。

❷ブラックホールＸ線新星の爆発メカニズム

ブラックホールＸ線新星はどのように発生するのだろうか。ブラックホールと、ガスを放出しやすい普通の星（主星またはドナー）との近接連星系を考えてみよう。

中性子星と普通の星との近接連星系は、第五章で述べた。中性子星がブラックホールに代わってもドナーから見る限り、状況は本質的に違わない。ドナーの気まぐれでガス放出がはじまると、そのガスが回転しながらコンパクト星目指して落ちこむことで、降着円盤が形成される。その不安定な降着円盤の状態次第で、スペクトルが硬軟さまざまな状態を示すものだ。第五章（3）❺で中性子星連星系を念頭に解説したが、原理的にそれとよく似ている。

ドナーからのガスの放出が開始から増えていく初期段階ではX線放射は硬い。この状態では降着円盤は比較的厚く、内側で円盤は崩れ高温ガスとなってブラックホールの周りを取り囲んでいる（第五章（3）❺で触れたコロナ）。その降着円盤から放射されたX線がこの高温ガスに入ると、エネルギーがさらに高いX線光子に叩き上げられ（逆コンプトン散乱と呼ばれる）、硬X線が放射される。

逆コンプトン効果

エネルギーの高い光子が、エネルギーの低い電子と衝突すると、光子はそのエネルギーの一部を電子に与え、エネルギーの低い光子になる。一方、電子はエネルギーを得る。これがコンプトン効果として知られている物理の基礎過程である。これに対し、電子のエネルギーが高いとき、そこにそのエネルギーよりも低い光子が入射すると、両者の衝突で電子が光子にエネルギーを与えることになる。これを逆コンプトン効果と呼ぶ。宇宙ではエネルギーの高い電子の発生がしばしば起こり、そこに入射する可視光線がX線になることも、X線がガンマ線なることもある。実は、一九二三年、米国の物理学者コンプトン（A.Compton（1892-1962））が、〝コンプトン効果〟を発見したことで、当時、光が粒子の性質をもつことを証明した発見でもあった。また、第八章（2）❷で出てくるコンプトンガンマ線天文台はこの学者の名前をとってつけられたものである。

ドナーからのガスが増えると降着円盤にもガスが多くなり、勢いを増すことで、円盤内で安定な回転ができるもっとも内側（これが本章（4）❷で解説する最内安定軌道）まで達する。このとき降着円盤の厚さは幾何学的には薄くなるが、ガス密度は高くなるため、内側から外側に向かって多温度の黒体放射をする状態になる。硬い状態のときには形成されていた高温のガスも、内側まで伸びた降着円盤によって消えてしまう。黒体放射は温度が高いほど放射効率が高いため、X線放射としては五〇〇万度とか一〇〇〇万度とかの黒体放射が観測される。第五章（3）❹の囲み記事で解説した軟らかい状態だ。ただし、温度は、中性子星の連星系よりも低い傾向にある。

次にドナーからのガス放出が少なくなると、熱くなっていた降着円盤は膨張し、再び幾何学的に厚い降着円盤と大きな高温ガスの状態になって、硬い状態に戻る。この硬X線も、ドナーのガス注入が弱くなると消えていく。

これが、ブラックホールX線新星のアウトバーストのはじまりから終わりまでの大まかな様子だ。第五章（3）❹および（3）❺で解説した中性子星の連星系とブラックホールとの最大の違いは、中性子星にはしっかりした表面があるのに対し、ブラックホールでは底なしで表面がないことだ。中性子星連星系の場合、硬軟いずれの状態であれ、降着円盤から落ちこんだガスは中性子星の表面で重力エネルギーを解放してX線として光る。ブラックホールでは落ちこんだガスは、光らずに消えてしまう。

詳細は本章（8）にゆずるが、このため、両者のX線の振舞いは似るところがあるものの、相応の違いが出てくる。ブラックホール新星の方が変動の激しいX線を出す傾向がある。一般に、ブラックホールでは質量が大きいため、放出されるエネルギーも大きくなり、変動の割合も大きくなる。

ブラックホールと中性子星の質量が同じ場合でも、ガスが落ちこむときにはブラックホールの方がより高いエネルギーを放出する。中心星がブラックホールの方が、距離的に中性子星の表面よりさらに中まで落ちこむことができるため、そこで解放する重力エネルギーも大きくなるからだ。ただし、ブラックホールに吸収されてしまったら、X線を含めてエネルギーは放射されない。しかし、その前に何らかのエネルギーの解放があれば、エネルギー解放量が大きくなるというわけだ。

降着円盤の状態の変化やそのとき起こる高温ガスの急速な成長と消滅のメカニズムにはまだ十分

わかっていないことも多い。実際、硬軟二つの状態の遷移の途中で中間の状態になったり、次節で述べるジェットが出たり、アウトフローとなるガスが出たりして、複雑な状況にある。そんなブラックホール周りの構造を調べるため、ブラックホール新星を、新星の出現当初から継続的に観測することはとても大切である。

いつ起こるかわからないアウトバーストやジェットをとらえるため、常時監視する全天X線監視装置の活躍が期待されている。特に、X線と電波や赤外線などとの連携観測で得られた詳しいデータはまだそれほど多くはないので、もっと監視を続ける必要がある。代表的なブラックホール新星の紹介として、最近、マキシが関与した典型的な三つのブラックホールのX線新星の話を紹介していこう。

❸宇宙の超高速ジェット

ブラックホールX線新星にしばしば伴う顕著な現象に〝ジェット〟の放出がある。第八章のガンマ線バースト、第九章の活動銀河核にも共通してよく見られる現象だ。

ここでいうジェットとは、物質が光速の一〇分の一程度以上の超高速で、特定の方向に放出される現象をいう。一秒あるいはそれ以下で地球の赤道を一周する異常な高速だ。典型的な爆発現象は四方八方三六〇度に広がるのに対し、ジェットは一般に、それぞれ一八〇度逆の方向に二本、狭く絞られた形で放出される（双極ジェットと呼ぶ）。宇宙ジェットは観測技術の発展によって比較的近年見つかった現象で、現代天文学の華の一つだ。

一般にジェットは数時間〜一日ほど続き、その間、X線や電波の強度が何倍も変化する。大きなジェットは、可視光ではそれほど顕著ではない一方、電波観測でも確認される。しかし、ジェットはこれまた気まぐれに起きるため、全天X線監視装置が効果的で、特に電波望遠鏡と連携することでジェットのメカニズムの核心に迫ることができる。実は、ジェットは、天体にもよるが、電波に限らず光、X線、ガンマ線でも観測されている。

宇宙ジェットは小さいものでは太陽フレアのジェットから、大きいものではあとで述べる活動銀河のジェットまである。第五章で述べた中性子星の連星系でも小型ながら時にジェットが出る。たとえば第五章（3）❹で触れた再帰X線新星は、アウトバーストのある短い期間に電波ジェットを出すことが知られている。中性子星連星系のジェットは太陽フレアのジェット（第二章（1））に比べ一〇〇万倍以上だ。一方、活動銀河（第九章）からのジェットは、本章で述べるブラックホールを含む連星系からのものに比べて、エネルギー放出量にして一〇〇万倍以上にもなる。宇宙はかくも広く深い。

ジェットはどのようにして放出されるのだろう。

連星系のコンパクト星やあるいは第九章で登場するさらに巨大なブラックホールの周りには、ガスが渦巻きながら落ちていく降着円盤が形成される（第五章（3）❺）。そのガスは、最後には、中心天体に衝突あるいは吸いこまれるものと、渦巻きながら円盤とほぼ直角の二方向に高速で噴き出すものとに分かれる。この降着円盤からのガスの落ちこみの際、どういう条件のときにジェットが放出されるかは、詳しくはまだよくわかっていない。第五章（3）❺の降着円盤の物理の解説で、ジェットには未解決な部分が多い、と述べた通りだ。ジェットの発生機構に取り組む理論家は、数値計算のシミュレーションにより、その様子を次第に解明している。ここでは、筆者の想像も多少含めて、ジェットを直感的に説明してみよう。以下では中心天体をブラックホールとするが、スケールの差こそあれ、中性子星でも同じことである。

降着円盤として渦巻きながらブラックホールに近付くガスは、落下エネルギーとガス同士の摩擦で熱せられる。ブラックホールに近いほど、高温高密度となる。その結果、そこから出る放射線も膨大で、放射線の圧力（光圧）[注2]も大変大きくなる。また、高温のガスは電離して回転しているため磁場も発生していて、その磁場の圧力もきわめて高くなる。ブラックホールのもつ重力とのかね合いもあるが、回転するガスは光圧や磁気圧を介して、ほぼ九〇度の方向転換がなされジェットとなるのだろう。これは惑星間空間の飛翔体が、スイングバイして重力の落下エネルギーをもらうことで方向転換して遠くに飛んでいくのと似ている。

放出されたジェットは磁場も引き連れていて、狭く絞られたスクリューのように高速回転もしている。光速に近いジェットガスは衝撃波をつくり出し、粒子が高エネルギーに加速され、なかでも高エネルギー電子がシンクロトロン放射（囲み記事参照）を発生し、それが主に電波で観測される。

ジェットは、ブラックホールとしてももっとも激しい爆発現象の一つだ。以下の本章（3）、

（4）のブラックホールX線新星でもよく見られる。中でも最も顕著な例は、本章（5）で紹介する。

シンクロトロン放射

超高エネルギーの電子は光速に近い速度で移動する。この電子が磁場の中を運動すると磁力線で曲げられる。これは走っている電子の速度にブレーキがかかることによる。そのブレーキのエネルギーが主に電波や光の放射として、あるいは電子のエネルギーと磁場強度次第ではX線として、発生する。電子のエネルギーが高く速度が光速に近くなると、電子の磁場周りの回転ごとの放射が次々に追いかけるため、連続光に近い放射となる。電子のエネルギーが低くなると、速度が低くなり、シンクロトロン光は出なくなる。この場合、サイクロトロン放射となって、電子のエネルギーと磁場の強さに対応した輝線となるが、強度はきわめて弱い。むしろ、このエネルギーの放射を吸収する吸収線となって観測されることが多い。第五章（2）❸で触れたX線パルサーからのサイクロトロン吸収線がそれであった。なお、このシンクロトロン放射の原理を地上で利用したものが、加速器の一つとして〝放射光〟として強いX線の光源として利用されている。兵庫県西播磨にはスプリング・エイト（SPring-8）という日本最大の放射光施設がある。

(3) いて（射手）座のＸ線新星ＸＴＥ Ｊ１７５２－２２３ 草食系ブラックホール登場

マキシが活躍しはじめて三カ月ほど経った二〇〇九年一〇月二三日、いて座の一角にＸ線新星が出現した。米国のロッシ時間変動探査衛星（ＲＸＴＥ）が一足先に発見したのでＸＴＥ Ｊ１７５２－２２３と名付けられた。マキシは、ほかのＸ線観測はもとより電波、ガンマ線、可視光観測と並んで、このＸ線新星を初めからアウトバーストが終わるまで、約八カ月にわたってほぼ連続的に観測した。増光前から消えていくまで多波長で連続に観測された例はそれほど多くなく、大変良質のデータが得られた。これらの観測データを総合することで、このＸ線新星は太陽の一〇倍くらいの質量のブラックホールと太陽よりも質量が小さく軽い恒星との連星系で、数時間の連星周期をもつことがわかった。

このアウトバーストのマキシの連続データからは、今までのＸ線新星に比べてゆるやかにＸ線強度が増加したことが見てとれた。しかも、ある低いレベルの明るさで四〇日ほど留まり、また少し明るくなってさらに四〇日ほど留まった。つまり、階段のように明るくなる様子が初めて見られた。その後、Ｘ線は最高強度に達し、一八〇日ほどかけてゆっくりと消えていった。なかでもＸ線最高強度に達する直前には、電波のジェットや超高エネルギーガンマ線も観測された。

これまで知られていたブラックホール新星は、急激なガス流入が起きるため、一〇日も待たずに

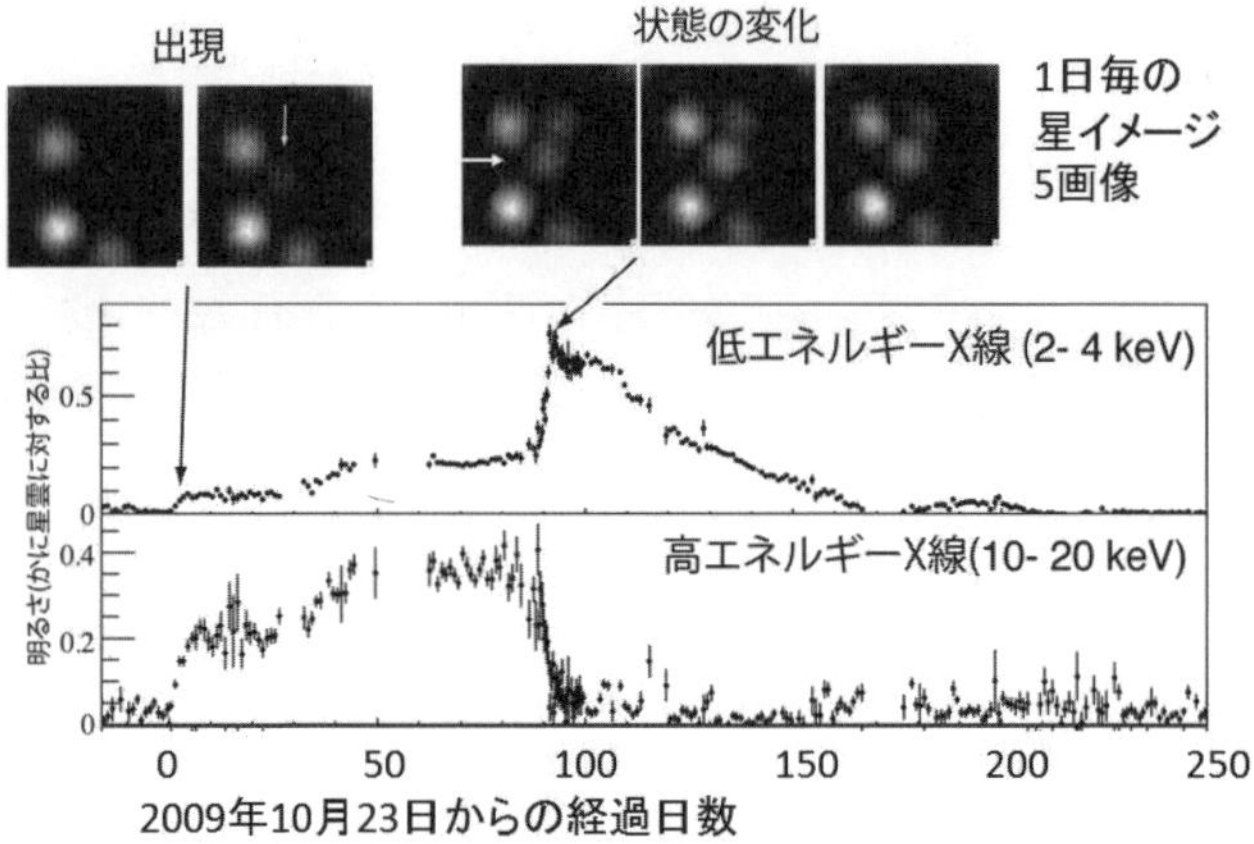

図 6.4　XTE J1752–223 の振る舞い

爆発から 250 日の X 線強度を追った様子である。低エネルギー X 線（2〜4 キロ電子ボルト）と高エネルギー X 線（10〜20 キロ電子ボルト）の強度変化がまったく違う。上部の星のイメージは矢印で示した時期の増加直後の 2 例と低エネルギー X 線帯域で最高強度となった時期の 3 例を示す（中平ほかマキシチーム提供）。

明るさがX線最高強度に達する。ところが、XTE J1752-223のように三カ月もかけて最高強度に達する新星は初めてのケースであった。そこで、XTE J1752-223は新種のブラックホール新星だと分類した。これまでのブラックホールは、多量のガスを一気に呑みこむ、いわばガツガツした〝肉食系〟だと名付けてみた。これに対比して、ゆっくりと増光していったXTE J1752-223は、少しずつマイペースにガスを食べていった〝草食系〟ブラックホールにたとえられる。

最高強度直前に出たジェットは、次のように説明される。ドナーからのガスが降着円盤を形成するとき、ガスは高温になり、プラズマ状態になる。この回転する高温プラズマは磁場もつくり出し、ガスをたくわえ絞りこむ。あるとき絞りこんだ緊張が崩れて、爆発的にジェットとして現れたものだろう。それが、電波や超高エネルギーガンマ線で観測されたものだ。

降着円盤に溜まったエネルギーがジェットとして放出されると同時に、降着円盤の状態（形）が変わる。このときX線のスペクトルも硬い状態（エネルギーの高いX線が強い）から軟らかい状態（一〇〇〇万度ほどの温度の黒体放射成分が強い）に遷移したと考えられる。

ジェットの発生メカニズムや、ブラックホール新星の進化には、まだまだ解き明かすべき問題が多い。しかし、極端に大きな規模の爆発を契機に中性子星以上に多様な現象が見られることが、ブラックホールX線新星の醍醐味といえよう。

(4) マキシで追うブラックホールX線新星

❶ へびつかい座のX線新星MAXI J1659−152

ブラックホールX線新星は、典型的には、X線が短時間で増光し最高強度になった後、ゆっくりと減光していく。本節では、マキシが発見したその一例を挙げよう。

マキシのX線新星速報システムは、二〇一〇年九月二五日に、へびつかい座で新しくX線新星を自動でとらえた。チームの研究者が即座にデータ解析、確認、MAXI J1659−152と名付け、速報電報を世界に発信した。同時に、共同観測を提携しているNASAのスイフトX線天文衛星チームに知らせた。この結果、マキシの決めた方角の誤差内に、X線新星を確認し、正確な位置を測定した。スイフトX線衛星は、視野が狭い望遠鏡をもっていてマキシが一〇分角程度に方角を絞れば、二〜三秒角の精度で位置を決めてくれることで共同観測を提携している。こうして、発見後二時間ほどで新星の詳しい位置のニュースも世界の関係する天文学者に流された。新天体発見の国際電報網（実際は電子メール）は完備されている。

新天体発見のニュースが流れると、それを受けて地上の光学望遠鏡が追観測を行い、暗いながらもMAXI J1659-152に対応する可視光の星を見つけた。その可視光の等級は一八等星から一六等星ほどに明るくなったもので、やはり、光の古典新星とは違って、X線新星と確認された。日本でも岡山や石垣島の中・小型望遠鏡等が可視光で等級の変化を追った観測を行い、二・四時間周期を見出した。これは連星の周期と考えられる。

このX線新星は三カ月程度輝いて消えていったが、その間、X線バーストはせず、X線スペクトルの分析によってブラックホールと軽い普通の星からなる連星系のX線新星と考えられることがわかった。しかも、地上の光学観測で得られた二・四時間の周期がX線観測でも確認されたのである。このように、ブラックホール新星の研究では、X線のアウトバーストの初期報告の後、国際連携して多波長で観測することにより、その性質が次第に明らかになっていくのが普通だ。

MAXI J1659-152は、軌道周期が最も短いブラックホール連星系ということで、多くの研究者に注目された。このため、スイフト衛星、日本のすざく衛星をはじめ、NASAの時間変動探査衛星、欧州宇宙機構の大型Ｘ線天文衛星（ＸＭＭ－ニュートン）等が詳しい観測を行った。同じく、地上からも光学観測や電波観測がなされた。三カ月にわたる多波長の観測結果が、解析を終え最近多くの論文が発表されている。ブラックホール周りの降着円盤の性質がＸ線のスペクトルや、時間変動の観測で詳しく研究された。ブラックホールの質量は約六倍の太陽質量ほどであることもわかってきた。Ｘ線光度の強いときは太陽の全放射光度の一万倍を超える強力なものだが、可視光線は太陽光度にも劣るほどしか放射していない。約六倍の太陽質量のブラックホールの周りを、太陽より軽い星が二・四時間の周期で回っていて、爆発で強力なＸ線を放射している姿を想像すると、なんとも神秘的なものではないか。

❷わし座のＸ線新星ＭＡＸＩ Ｊ１９１０－０５７

次に紹介するブラックホールＸ線新星は、新星の現れ方こそ前節のＭＡＸＩ Ｊ１６５９－１５２に似ていたものの、八カ月かけて暗くなっていく途中に二～三回、再度明るくなるという点で特徴的だったものだ。これは、最初（本章（１））に紹介したＸ線観測史上最強のＸ線新星Ａ ０６２０－００に似た振舞いで、興味深いものだ。Ａ ０６２０－００が出現した一九七〇年代よりも観測技術も観測網も格段に進歩しているため、ずっと詳しいデータが得られた。

マキシは二〇一二年五月三一日、七夕でおなじみの牽牛星があるわし座の一角にＸ線新星を発見した。ほぼ同時にスイフト衛星も同じくこのＸ線新星を発見したため、ＭＡＸＩ Ｊ１９１０－

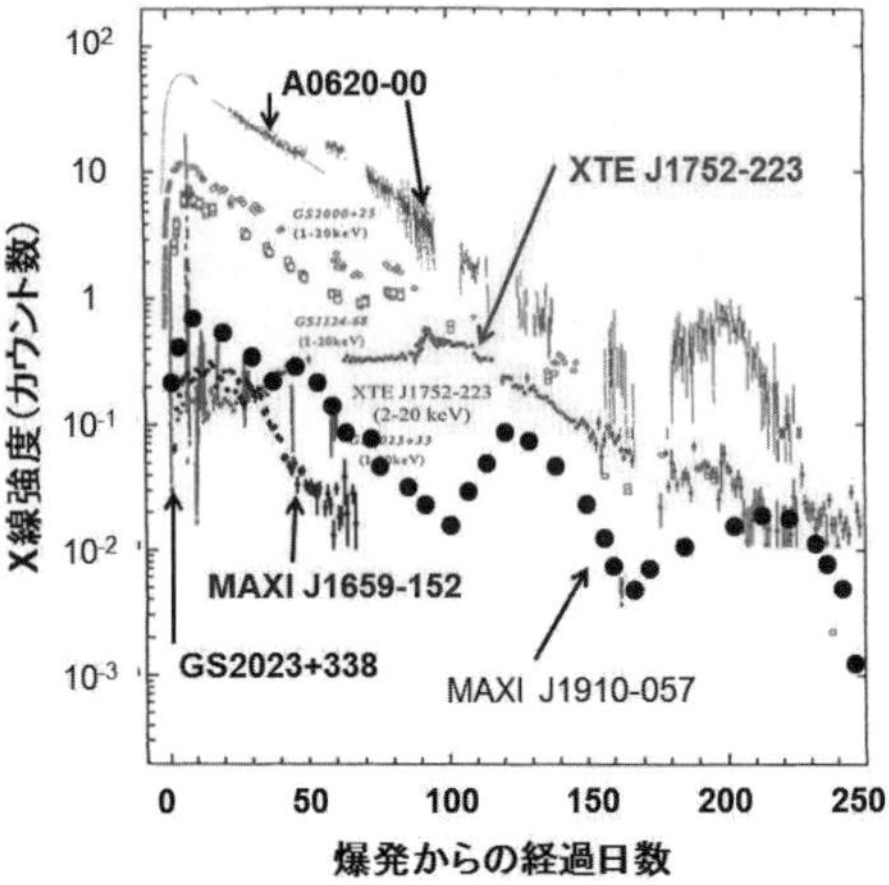

図 6.5　ブラックホール X 線新星の強度の時間変動曲線

A 0620−00、XTE J1752−223、MAXI J1659−152 と MAXI J1910−057（=Swift J1910.2−0546）、GS2023+338 ほかの振舞いを示した。GS2023+338 は日本のぎんが衛星の全天 X 線監視装置で 1989 年 5 月に発見されたブラックホール新星である。2015 年 6 月にも再度アウトバーストをしたのが見つかった。非常に変動が激しく縦線の長いのは 1 日以下の時間内での変動幅を示す。GS2023+338 の再アウトバーストでは、1989 年のバーストに比べ最大時は 3〜4 倍も明るくなり 50 日ほどで消えていった。GS2023+338 の 2015 年 6 月のアウトバーストについての記事は本章（9）にも記述した。

057（＝Swift J1910・2－0546）と名付けられた。マキシは、その後約二三〇日間、このX線新星を追った。

その結果、MAXI J1910－057は最高強度に達したあとにゆっくりと減光していく最中、二回、再度明るくなる現象が見られた。その二回目の盛り返しは、一回目の盛り返しのときに比べて五分の一ほどの弱い強度ながら、盛り返しがあったことには疑いがない。

そのX線スペクトルは、爆発がはじまった二～六〇日後と、九四～一四〇日後の二つの期間ではX線スペクトルが軟らかく、それ以外の時期は硬かった。この硬い状態から軟らかくなり、再び硬くなり軟らかくなって、最後に硬くなって消えていくのは、ブラックホールX線新星ではよくあることで、本章（1）で述べたA0620−00も同様な振舞いをしたようだ。これは、降着円盤の不安定性に起因すると考えられている。

MAXI J1910−057では、それら二つの〝軟らかい状態〟（本章（2）❷、第五章（3）参照）のスペクトルは、主に温度約五〇〇万度の黒体放射で表された。これらの黒体放射は降着円盤の最内安定円軌道（囲み記事参照）にあると考えられ、その軌道半径は上記の二つの期間でほぼ同じ値の約一五〇キロメートルと算出された（新星への距離を三万光年と仮定）。スペクトルが軟らかい状態のとき、降着円盤の放射領域の半径がほぼ一定な場所が存在することは、ブラックホールの特徴だ。そのとき、降着円盤の形が幾何学的に薄い円盤になっていると理解される。

最内安定円軌道

ブラックホールの周りを回る物体の運動を記述するには一般相対性理論の方程式が使われる。ニュートンの古典力学では、回転軌道に邪魔物がなければ、いくらでも小さくなれる。しかし、ブラックホールを回る物体の軌道は、最内安定円軌道より小さい軌道では安定に回転できず、そのままブラックホールに落下する。この半径はブラックホールが自転しているかどうかによっても変わる。自転していない場合はシュヴァルツシルト半径（本章（1）❷参照）の三倍が最内安定円軌道となる。自転していると最内安定円軌道は自転が速いほどシュヴァルツシルト半径の三倍より小さくなる。その最小の値は、シュヴァルツシルト半径の半分になる。シュヴァルツシルト半径は回転を止めたブラックホールの半径に相当するもので、それ以内では光速で物質が脱出できなくなる限界の半径である（本章（1）❷参照）。実は、それぞれのブラックホールが回転しているか、していないかはいまだにわかっておらず、現在、ホットな研究課題だ。なお、観測的には、上の議論とは逆に、X線観測で最内安定円軌道を測定することで（天体への距離がわかっているという前提で）、ブラックホールの質量を推定することができる。

降着円盤が最内安定円軌道に達していないときは、円盤は比較的厚く、MAXI J1910－057でも、スペクトルは硬い。このとき、降着円盤の内側が削り取られた状態になっている。その削り取られた降着円盤のガスが、高温ガスとして雲状に漂ったり、ブラックホールに落ちこんでいったり、あるいはその前にジェットとして飛び出したり、と複雑な挙動をする。その理解が、現代のブラックホール物理学の課題の一つでもある。

(5) ブラックホールは超高速ジェットを放つ

❶ 〝マイクロ〟クエーサー

赤色巨星とブラックホールのX線連星GRS 1915+105はジェットを光速に近い速度で噴き出すことで有名だ。このブラックホールは重く、太陽質量の約一五倍もある。一九九〇年代に電波の強いジェットが噴出している様子が観測され、科学雑誌の見出しを飾った。実は、史上初めてブラックホール天体として認定されたはくちょう座X-1も、時々電波の強いジェットが出ているることが観測されている。電波のジェットは高エネルギー電子が磁場に巻き付きながら出すシンクロトロン放射による（本章（2）❸の囲み記事）。はくちょう座X-1のジェットでは速度も観測されていて、光速の三〇パーセントほどである。驚くことに、GRS 1915+105のジェットでは、光速の九六〜九八パーセントに達する。超光速現象として、発見者をたまげさせたものだ。

超光速現象

〝超光速現象〟とは、天体を長時間観測したとき、天体（たとえばジェット）が光速を超える速度で移動するように見える現象である。撮像観測により天体の移動が見つかったとき、天体が実際

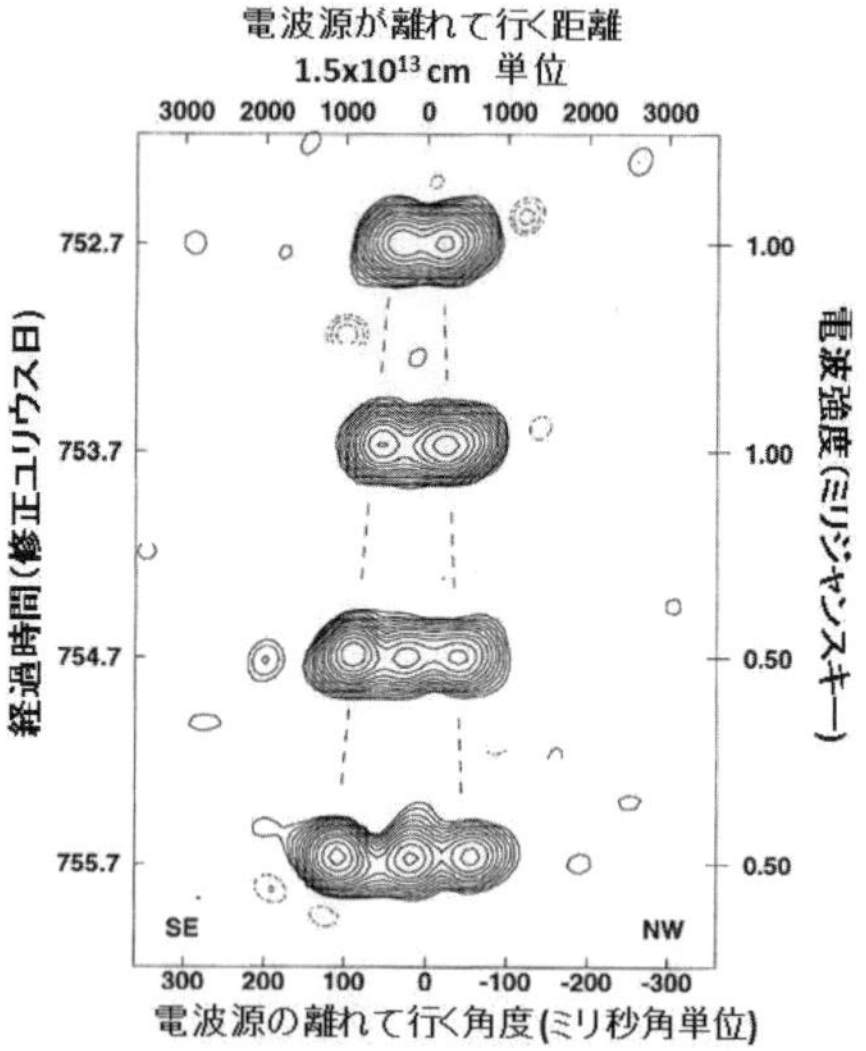

図 **6.6**　ブラックホールをもつ **X** 線天体のジェットの超光速現象

ブラックホール X 線連星 GRS1915+105 から出るジェットの電波源（スポット）を 4 日間追った観測結果を示す。角度分解能の優れた電波望遠鏡（長基線電波干渉計）で時間をおいて複数回観測することで、GRS 1915+105 がジェットを出した様子がとらえられた。1 点のスポットから出たジェットが 2 点になり、この 2 点が観測時間（図では下向き）とともに離れていく様子がとらえられた。図は、1 日ごとの電波のスポット像の結果で 4 日間のデータを示したものだ。天体までの距離がわかっているため、この離れる速度が計算できる。4 日間で見かけ上 2000 億 km（2×10^{16}cm）ほど離れたのが観測された。単純な計算ではこの速度が光速を超えている。これを“超光速現象”(囲み記事参照) と呼んでいる（R.Fender et al. Astro. Lett. & Comm. **38** (1999), 229 の論文から編集）。

に三次元座標上でどう動いているかはそれだけではわからない。極端な例として、天体がまっすぐに観測者の方に近付いてきていたときには、天体はまったく動いていないように見える。そこで、おおざっぱな近似として、天体が視線方向に垂直に動いている（数学的には、天体の運動の視線方向の成分がゼロ）と仮定して速度を計算することが最初に行われる。ほとんどの場合、このように計算して得られた速度は、実際の速度よりも小さく見積もられることになる。しかし、天体（たとえばジェット）が移動する方向がほぼ観測者に向かっていて、かつ光速に近い場合、見かけ上、天体の移動速度が光速を超える場合がある。このトリックは、ジェットのはじまりの電波源も、飛び出した後のジェットの電波源も、いずれも光速という限られた速度でもって観測していることから起こる現象である。もちろん、実際の天体の速度は光速を超えていない。

観測的には、これは、光速の九〇パーセントを超えるジェットが上述の特定の方向に出ていて、かつそれを超高角度分解能（通常、電波の長基線の干渉計が使われる）で観測するという条件が重なったときに見えることがある。この現象は活動銀河核からのジェットで初めて見つかり、今ではいくつかの活動銀河核及び銀河系内ブラックホール天体から観測されている。

宇宙で観測された最初のジェットは、第九章で述べる活動銀河核から放出される電波のジェットだった。電波のジェットを出す活動銀河の仲間は、見つかった当初、正体不明で星のように点状に見えたことから、クエーサー（準星）と名付けられた（第九章（3））。連星のブラックホールから出るジェットの規模は、クエーサーに比べると一〇〇万〜一億分の一だ。このような経緯から、ジェットを出すブラックホールをもつ連星系をマイクロクエーサーと呼んでいる。観測が進むにつれ、ブラックホールX線連星系からのジェットはたくさん見つかってきた。超光速現象も今ではほかにも観測されている。

❷マイクロクエーサーSS433の見事なジェット

SS433と呼ばれるわし座の変光星は光学観測の時代から奇妙な変光をしていることが知られていた。X線観測でも変動があり、その解明では手こずってきたものだ。一九八〇年代になって、SS433では双方向にガスが光速の二六パーセントの速度でジェットとして放出されていることが発見された。これは、水素原子が出す可視光輝線（波長六五六・二八ナノメーター）の観測結果を詳細に解析した結果であった。しかも、ジェットは、一三・一日の連星周期に重なって、約一六四日の周期でみそすり運動（才差運動、すなわちコマが倒れる前に大きく軸を振る運動がその典型例）をしていることがわかったのである。

光の結果から少し遅れて、日本の「あすか」X線天文衛星により、X線帯域の鉄輝線も双方向のジェットとともに歳差運動をしていることがわかった。今では、SS433は比較的軽いブラック

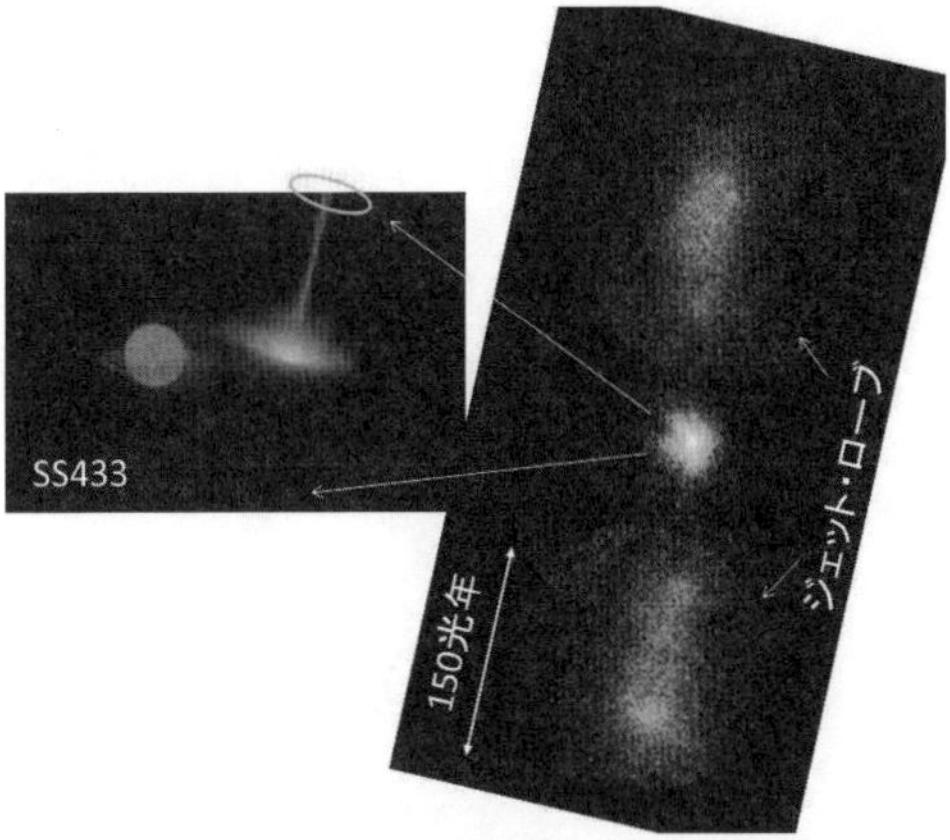

図 6.7　マイクロクウェサー SS433

SS433 の模式図（左図）と、あすか衛星で観測された双方向ジェットのがつくった X 線画像（右図）。SS433 の光で輝く星（主星）は 30 倍の太陽質量の重い恒星でその周りを 2 倍程度のブラックホールが 13.1 日の連星周期で公転している様子。ブラックホールは双方向にジェットを吹き出し、20 度の開き角をもって 164 日の周期で歳差運動をしている。なお、ジェットを出す天体は質量が小さいため、中性子星だとする研究者もわずかだがいる。あすか衛星で撮った右図の X 線画像は、ジェットが放出した高エネルギー電子が遠くで輝かせているもので、X 線で定常的に光っている（小谷ほか）。

ホールで、その周りの降着円盤の運動を反映して、ジェットで見事な才差運動を見せているのだと解釈されている。質量が太陽質量の二倍と軽いため、質量だけではSS433のコンパクト星が中性子星である可能性を否定できない。しかし、同じ質量のブラックホールの方が、膨大なジェットのエネルギーを効率よく出せることを考えれば、ブラックホールと考える方が自然だろう。

またほかに、4U 1630-47でも同様に双方向ジェットが見つかった。二〇一二年にX線がアウトバーストしたとき、光の速度の〇・三〜〇・四倍の速度で双方向に飛び出すジェットが発見されたものだ。

比較的安定してジェットを放出しているSS433とは異なり、4U 1630-47では、ほとんどX線で輝かない時期と、ある日突然強くなる時期とが不規則にくりかえされている。ブラックホールとの連星系の天体は、一般的にこのようなジェットを出すことが可能ということがはっきりしたわけだ。

(6) はくちょう座 X-3の謎

はくちょう（白鳥）座にはX線を強く出す天体が三つある。どれも変動しているが、平均強度の強い順にはくちょう座 X-1、はくちょう座 X-2、はくちょう座 X-3と名付けられている。これらがはくちょう座のX線で輝く三兄弟だ。はくちょう座 X-1は宇宙で初めてブラックホールと考えられた天体だった（本章（1）❷参照）。はくちょう座 X-2はX線放射の性質や二・四日周期の連星系などから、老いた中性子星をもつ低質量のX線連星系の仲間であることがわかっている。

はくちょう座 X-3についてはX線天文学の初期から観測されてきたものの、ブラックホール連星系か、中性子星連星系か決着がつかず、第五章（3）❼で述べたコンパス座 X-1と並んで奇妙な天体の一つとして研究者を悩ませてきた。それが、ごく最近、マキシの観測も参加することで、ようやくこの長年の謎が解かれようとしている。ここでそれを紹介しよう。

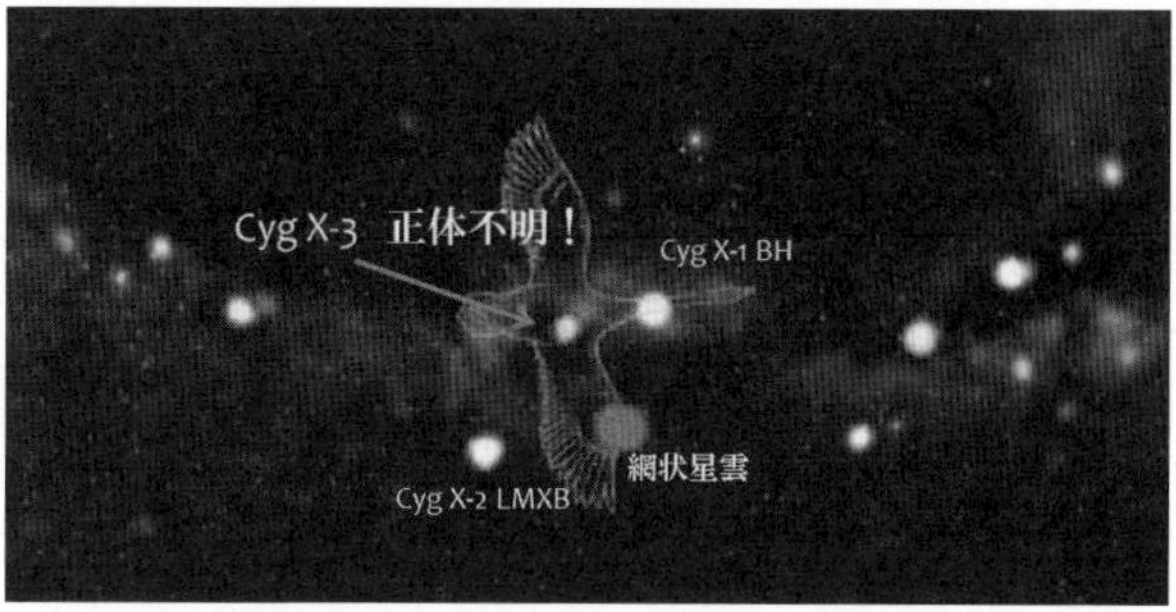

図 6.8　はくちょう座 X 線源の 3 兄弟の図

X 線の画像は北（上）からはくちょう座 X-1、はくちょう座 X-3、はくちょう座 X-2 が並んでいる。はくちょう座 X-3 とはくちょう座 X-2 の東（右）には白鳥座の網状星雲が軟 X 線で輝いている。

結論としては、約二倍の太陽質量のブラックホールと星風を激しく出す約二五倍の太陽質量のウォルフ・ライエ星[注3]とが四・八時間の周期で公転している連星X線源であることがわかった。連星になっているとはいえ、星風の影響が強く光で観測しても連星の詳しい情報が得られないため、軌道や質量が正確にわからないまま四〇年以上も経ってしまったものだ。

はくちょう座X−3が謎の多い天体として多くの天文学者が注目してきた理由の一つは、連星のX線源としてもっとも強く電波ジェットを放出していることだ。弱い電波はほぼつねに放射されているため、毎日のように電波望遠鏡で監視観測されている。非周期的に大変強いジェットが放出されることがわかっている。これは、①コンパクト星周りに形成される降着円盤で何らかの不安定性が発生し、ジェットが放出される、②それが周囲の物質に衝突して衝撃波を起こし、高エネルギー粒子が生成される、③その高エネルギー電子が磁場に巻きつくことでシンクロトロン電波（本章（2）❸の囲み記事）を出す、という機構だと考えられる。しかしながら、ブラックホールの存在がほぼ確かなほかの連星系に比較して際立って強い電波が出る理由はよくわからない。

さらに、もう一つはくちょう座X-3を特徴付けるのはガンマ線の発生だ。地上の宇宙線観測装置が、早くも一九八〇年代半ば、はくちょう座X-3から超高エネルギーのガンマ線（一兆電子ボルト以上）を検出したと報告した。ただしそれは、まだ統計的に疑いないといえる結果ではなかった。いつも出るわけではないこともあり、半信半疑で約二〇年の時が流れた。数年前になり、高感度のガンマ線観測衛星であるNASAのフェルミ（Fermi）衛星やイタリアのアジレ（Agile）衛星が一〇億電子ボルトほどのガンマ線を検出したことで、ようやくガンマ線放射が確定した。超高エネルギーガンマ線は、まれな現象だったのである。

電波やX線との同時観測の結果、X線のスペクトルがほぼ黒体放射の（軟らかい）状態になってから数日後にもっとも強い電波やガンマ線のフレアが出ることがわかってきた。こうして、電波やガンマ線放射は、X線のスペクトルの状態変化と関係があることがわかったのである。

X線のスペクトルは、降着円盤の構造や周りのプラズマガスの変化に強く依存する。一方、降着円盤の状態の変化と、強いジェットが出ることには相関があるようだ。この降着円盤の状態変化の瞬間は、X線スペクトルの状態（本章（2）❷、第五章（3）❺参照）の変化としてとらえることができる。前述のように、ガンマ線や電波の放出は、X線スペクトルの状態変化の直後ではなく、数日間の遅れがある。このことから、ジェットで出たガスがしばらく光速に近い速度で走って衝突を起こすと考えられる。衝突が起これば高エネルギーの粒子もつくられる。この高エネルギー粒子がガンマ線の発生源になり、そのうち高エネルギー電子が電波放射すると解釈できる。

はくちょう座 X–3の降着円盤からジェットが出る理論はさかんに研究されている。少なくとも、相方の星からのガスの流入が大きいとジェットは出やすいというような単純なものではないようだ。はくちょう座 X–3はウォルフ・ライエ星という星風を強く放出する重い星と近接連星になっているため、降着円盤には絶えずガスが流れこんでいるが、変化もする。この変化は、降着円盤の状態を絶えず変えている。X線スペクトルで見ると硬軟状態の間を絶えず動いていて、その中間の状態もある。

二〇一一年二月一九日〜三月二〇日のほぼ一カ月間、はくちょう座 X–3はめったに起こらない状態を示した。X線のスペクトルがきわめて軟らかく（極超軟らかい状態に）なった。そしてこの時期にジェットから出る電波がなくなる。この状態は四〇年にわたるX線観測の歴史の間に三回しか観測されていない。今回は幸運にも、マキシの全天X線観測装置のほか、二つのX線望遠鏡とガンマ線観測装置によりとらえられた。これらのデータにより、右に述べたようなことがわかってきたものだ。はくちょう座 X–3が極超軟らかい状態になり、それが終わってしばらくしてガンマ線の巨大なバーストがあったのだ。

この現象は次のように推測される。極超軟らかい状態はブラックホールに向かって落ちこむガスは最高になる。X線は出るが落ちこむガスに見合うほどはX線エネルギーの放出はない。ガスの多くはブラックホールに吸いこまれてX線の放射にも電波の放射（ジェット）にも使われないと考える。そのとき、降着円盤の状態（構造）が変わって通常の軟らかい状態から硬い状態に変わる。外からのガスの流れは急には変われないため、これまでブラックホールに落ちこんでいたガスが、ジェットに転換されて巨大なジェットが出て衝撃波が発生する。この衝撃波は強いガンマ線を発生させると考える。この降着円盤で起こる不安定性が、ブラックホールにガスを落下させるか、ジェットを出させるかの原因になると考える。

これは一つの推測にすぎないが、まったく根拠がないわけではない。第五章（3）で述べた中性子星の低質量X線連星系で、X線強度が強くスペクトルが軟らかい状態で起こることがある。X線のフレアと電波のフレアを同時に観測したとき、両フレアは同時には起こらず、どちらか一方がフレアするときは他方はフレアをしない観測結果がある。規模や時間スケールに違いがあるが降着円盤では共通するかもしれない。

ところで、はくちょう座X－3では、先に相方のウォルフ・ライエ星は超新星の爆発を起こしてブラックホールになる可能性があると述べた。その結果、これまで見つかっていないブラックホール同士の連星系という珍しい天体が、一〇〇〇万年以内には誕生するだろう。さらに想像をたくましくすると、ブラックホールの連星系は重力波が強いため、ある時期に二つのブラックホールが合体して強力な重力波が出る可能性がある。その頃まで、まだ地球文明があれば、この合体の天体ショーをはっきりと観測できる進化した重力波望遠鏡で楽しむことだろう。進化した賢い人類の末裔が、このときまで平和に活動していることを望みたい。天文学的には、一〇〇〇万年経っても太陽はそれほど大きな変化はなく、地球も安泰のはずである。

(7) ブラックホールの原典――はくちょう座 X－1の今

本節では、世界、いや宇宙で初めてのブラックホール天体として確立されることとなった古典的ブラックホール候補天体はくちょう座 X－1を取り上げよう。ブラックホールを語るのに、はくちょう座 X－1は外せない、というものだ。

はくちょう（白鳥）座の方角にもX線源があることは、太陽系外のX線源が発見された当初、一九六〇年代前半から注目されてきた。やがて、はくちょう座で三つのX線源が分離された。その中でもっとも明るいはくちょう座 X－1は、初の太陽系外X線天体で中性子星X線連星系のさそり座 X－1と対比され、精力的に研究が行われた。さそり座 X－1は高温プラズマからの熱的放射（黒体放射）のスペクトルを示すのに対し、はくちょう座 X－1はX線スペクトルが変動し、エネルギーの高い方（硬X線）までどんどん伸びている。X線強度を二～二〇キロ電子ボルトの広いエネルギー帯域で観測すれば、その違いは一目瞭然だ。さらに、はくちょう座 X－1のX線放射は激しく変動することが特徴である。その激しい時間変動を説明するため、小田稔らは一九七一年にブラックホールではないかと唱え、歴史をつくったのだった（本章（1）❷）。これを受けて光学観測による軌道運動から、はくちょう座X-1の質量も太陽質量の六〜一三倍と決まり、ブラックホールとして、電波からガンマ線に至る多波長で観測が続けられている。

ブラックホールの質量に不確定性が大きいのは、連星になっている相方のO（オー）型星の質量が二〇〜三五倍の太陽質量の範囲でなかなか決定できないためだ。その距離は、角度分解能の優れた電波望遠鏡（干渉計）の三角測量によって六〇六〇光年、誤差三六〇光年と大変精度良い値が二〇一一年に発表されている。今後、長期間の距離の監視をしていくことで、はくちょう座X-1が銀河系の中で動く様子を知ることもできるだろう。

X線観測では、まず、広い波長範囲での放射スペクトルの観測がされてきた。X線で観測していると、時々、突然X線スペクトルの変化が起こる。本章でも何度も登場した（本章（2）❷、第五章（3）❺参照）硬軟状態の変化だ。ブラックホール天体の中でこの硬軟状態が最初によく調べられたのもはくちょう座X-1だった。

はくちょう座X-1の最近の観測では、硬い状態では、ガンマ線も観測されていて、驚くことに、一億電子ボルトからはては一兆電子ボルトのガンマ線まで放射されていることが確かめられている。X線もガンマ線も変動が激しいため、どういう成分がどこから放射されているのか、広い波長範囲でそれらがどう関連しているかは、現在も研究課題である。

ブラックホールの研究で重要な課題の一つに、X線の時間変動の観測がある。はくちょう座

Ｘ－１では、変動のタイムスケールは短いところではミリ秒、つまり一〇〇〇分の一秒まで追求されている。この短時間の変動は、ブラックホールにごく近いところでガスが吸いこまれたり、ジェットとして放出されたりする状況が反映さていると解釈されている。それとは別に、日、週、月、年の時間単位の変動も観測されている。これらの変動は、降着するガスの変動だけでなく、ブラックホール近くから出たＸ線が近くにある高温のガスで散乱してきた状況も反映している。

はくちょう座Ｘ－１は、ブラックホールの典型として、また比較的距離が近いおかげで詳細な観測研究対象として好都合なため、今後も各種の観測の基準となるだろう。特に、広い波長での同時観測はまだ少なく、将来新しいことがわかってくる可能性を秘めている。

(8) ブラックホールと中性子星の違い

前章と本章で宇宙からのＸ線観測の結果を使い、中性子星の連星系とブラックホールの連星系について〝爆発〟という見方からそれぞれの性質を見てきた。両者とも強い重力場をもっていて降着ガスが高温になるため、Ｘ線を放射するという共通点をもっている。しかし、Ｘ線のスペクトルの性質、ジェットの性質をよく調べると両者の違いも見えてくる。コンパクト星のＸ線連星系があったとき、Ｘ線、ガンマ線、それに電波や可視光の性質を調べることでブラックホールか中性子星かの区別がつくようになってきた。たとえば、Ｘ線バーストやＸ線のパルスが観測されれば中性子星の存在は明らかである。

両者とも、主星から降着したガスは重力エネルギーを得て、主としてX線放射に転換される。そして、ある部分がジェットとして放出される。ジェットでは衝撃波を発生し高エネルギー粒子が加速され、ガンマ線や高エネルギー電子が放出される。この電子が電波で観測されるジェットの源になる。中性子星では、これらの観測される放射線をすべて足し合わせれば、主星からの降着ガスが中性子星の重力場で解放する全エネルギーに相当する。

ところが、ブラックホールでは、降着したガスが、そのエネルギーをX線放射、ジェットに伴う電波やガンマ線や高エネルギー粒子に転化する以外に、ガス自体がブラックホールに吸いこまれる成分がある。ブラックホールに吸いこまれる降着ガスは、事象の地平面（図**6・1**参照）の手前までは放射線としてエネルギー放出が続くが、事象の地平面に達すると放射エネルギーが外に出られない。したがって、もし降着ガスが、ブラックホールに吸いこまれる前に（ガス同士がぶつかり合うことで）放射を出さないと、そのエネルギーを保持したままで底なしのブラックホールに吸いこまれることになる。加えれば、事象の地平面に近付くにつれ、放射は重力による赤方偏移をしてエネルギーが低くなってしまうため、ガスのもつ重力エネルギーと出される放射エネルギーの収支はいずれにせよ合わなくなる。

結果的に、ブラックホールの場合、降着するガスが少ないと、吸いこまれる前にガス同士がぶつかり合うことも少なくなるため、放射が大変弱くなる。一方、中性子星の場合は、表面に落ちこんだガスは結局、何らかの放射を行うため、観測にかかり、収支がうまく合う次第だ。

ブラックホールでは本章（3）❷で説明した最内安定円軌道の内側ではガスはもっぱらブラックホールに向かって落下するだけで、そこからの放射はほとんど有効でなくなる。中性子星も最内安定円軌道は表面より少し外にあって、ガスが最内安定軌道に達するとそのまま中性子星表面に落下する。中性子星では表面に落下したガスは表面で高温になってX線として観測される。

このような事情で、アウトバーストをして消えてしまうX線新星でも、中性子星の場合は、アウトバーストのあとも、弱いながらX線の放射が検出できる。しかし、ブラックホールの場合、そんな弱いX線放射さえも検出されないものが多い。このことは、ブラックホールと中性子星との違いとして知られている。

これに関連して、両者では最大光度の違いがある。中性子星からのX線放射では、強く光るX線パルサーやX線バーストでは、理論的最大光度であるエディントンの限界光度に達する例がしばしば観測される。しかし、ブラックホールをもつX線連星系では、X線光度がエディントン限界光度に達した例はまだ見つかっていないようだ。ブラックホールに吸いこまれる分が放射に寄与しないからであろう[注4]。

中性子星では、表面重力に相当する赤方偏移が観測できれば、その中性子星の質量と半径の関係を知ることができる。これに対し、ブラックホールは赤方偏移に限りがないため、その状況が観測できれば、ブラックホールの確かな証拠が得られることになる。中性子星では、この種の観測が少ないながらあるが、ブラックホールで起こる赤方偏移の観測は今後の重要な課題となっている。

さいごに、将来の興味ある問題として、単独に星間空間を浮遊するブラックホールと中性子星の観測的な違いを考えてみる。単独にブラックホールがあっても、通常、放射を出さないためその存在を知ることができない。中性子星の場合、磁場がある程度強い間は、電波のパルサーとしてその存在を知ることができる。磁場が弱くなるか、自転と磁場の関係で放射ができなくなった単独の中性子星も宇宙にはたくさんあるはずである。

さて、これらのブラックホールや中性子星が濃い星間ガスの中に入った場合と、彗星のような小天体と衝突した場合を考えてみよう。まず、濃いガス雲に入った場合はそれぞれの重力圏に入ったガスを集めて、ガスの量に応じて降着円盤ができ、ガス雲を通りぬける期間X線が放射されるであろう。この現象は、一般に、X線強度が弱いことと、頻度が少ないためかこれまで発見された報告はない。

一方、彗星のような小天体が単独のブラックホールや中性子星に近付くと、潮汐力（海の満潮、干潮と同じで意味で、隣の月の引力による力。第九章（4）参照）が働き彗星はバラバラになって短時間ながらこれらの天体の周りを回って落下する。この現象を潮汐破壊と呼び、これが起こる距離は、太陽質量の二〜三倍のブラックホールや中性子星では、太陽半径より一桁ほど大きくなる。したがって、もし、彗星の軌道が太陽半径ほどに近付けばブラックホールでも中性子星でも彗星は潮汐破壊でバラバラになって回転しながらこれらの天体に落下する。この持続時間は彗星の質量と、ブラックホールや中性子星の質量によるが、数分とか一日の短時間である。

このとき放射されるX線はブラックホールと中性子星で違いが生じるだろう。中性子星は表面に落下すればエネルギーの高いX線も放射される。一方、ブラックホールでは、吸いこまれる前に回転しながら加熱されたガスからの放射（この放射は中性子星でもある）が短時間輝くことになる。中性子星の場合に比べエネルギーが低いX線の放射が期待される。

さて、太陽に彗星が衝突して消えてしまった天体現象は過去に起こった例がある。単独のブラックホールや中性子星が彗星を引き連れているかどうかはよくわかっていない。しかし、私たちの銀河系でも何千万個もあると考えられる単独のブラックホールや中性子星のすべてが彗星を引き連れていないといいきれない。将来、この原因で発生する未知の爆発現象をとらえることができるかも知れない。

実は、マキシではこれまでの観測期間の六年半ほどに、七例の強度が弱く、X線エネルギーも低い短時間だけ輝く未同定のバーストが見つかっている。これらのいくつかはブラックホールに彗星が衝突した可能性はあるが、まだ確かな尻尾をつかんでいない。一年に一回ほどの現象なので、将来を期待してこの興味ある現象の解明を狙っている。

（9）X線のアウトバーストで星間空間の塵の分布を探る話

この話は、ブラックホールでも中性子星でもアウトバースト中に次々とX線の変動が起こる場合に、星間空間の塵を探れるというものだ。このため、このさいごの節で取り上げることにした。

マキシは二〇一五年六月一六日GS2023+338というブラックホール候補天体の再活動を検出した。このX線源は再帰新星で一九八九年日本のぎんが衛星で発見されたもので、当時、変動の激しいブラックホール候補天体と認識された。この詳しい原因は未解決のまま時が経ち、実に二六年ぶりにアウトバーストしたのだ。なお、一九八九年に得られたX線の強度曲線は図**6・5**に示してある。

このブラックホール候補天体のX線の振舞いは、日々短時間に一〇〇〇倍ほどの変動も見せたきわめて珍しいものだった。一九八九年の活動に似て五〇日ほどで消えていった。この間、X線だけでなく多波長で精力的に観測され、六〇編を超える速報も飛び交った。一つの天体でこれほど多くの速報がなされたのは最近では珍しい。これは前回と比べて、多くの衛星や地上の望遠鏡が整備され、この珍しいブラックホール天体の解明のため多くの関心が寄せられたからである。

この観測のデータ解析結果は今後次々に論文となり、ブラックホールの解明が一段と進むだろう。ここでは、このアウトバーストで得られた星間空間の塵によるきれいなX線のリングを紹介する。

図**6・9**に示すように、スイフト衛星のX線望遠鏡はGS2023+338を中心に四重のリング

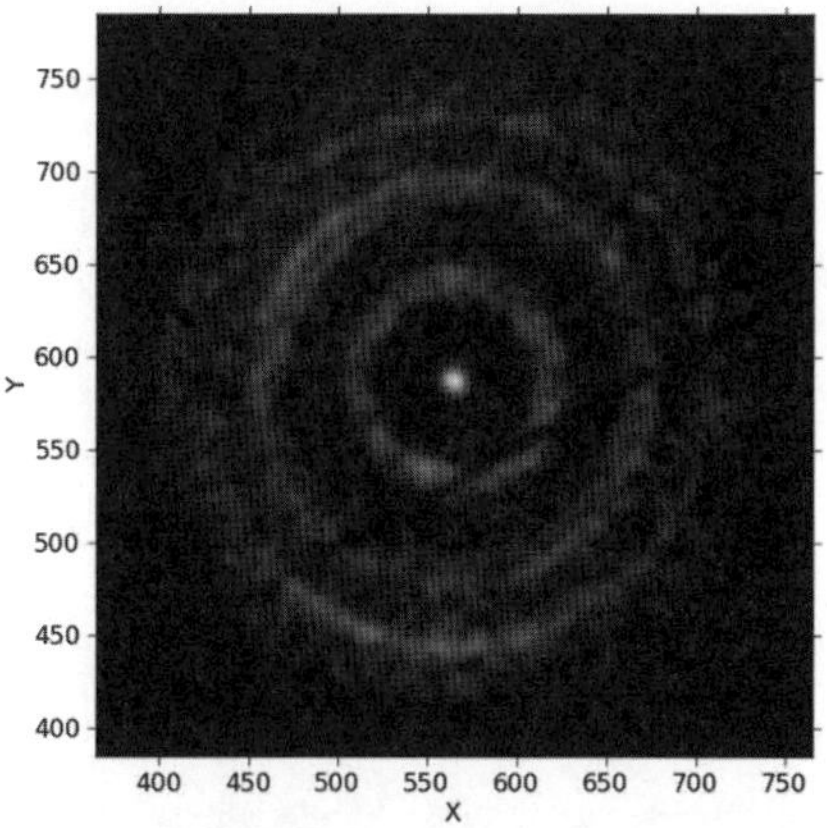

図 6.9　星間空間にある塵による X 線リング

ブラックホール候補天体がX線のアウトバーストしたとき、その方向を向けたX線望遠鏡で撮られたX線のリング（Astronomer's Telegram #7736（2015年6月30日））。中心にGS2023+338から直接きた強いX線点源が見られる。外側のリングほど時間的に先に出たバーストからの放射が、星間空間の塵による反射で大きく回り道してきたため、遅れて地球に届いて、それが観測されたものだ。

をとらえた。リングの大きさは、二・一五～五・五九分角まである。この観測はX線強度が強く、変動も激しい時期だった二〇一五年六月三〇日になされたものである。このリングはGS2023+338を取り囲む星間空間の塵に、バースト的に放射されたX線が一定の角度で散乱（反射）してきた模様である。このデータから、塵の距離や分布や動きなどの性質を知ることができる。

このようなきれいなリングの観測は、精度の上がったX線望遠鏡によってバースト的に変動するX線源で観測されるようになった。爆発的に輝くX線を使って星間空間の塵の分布の研究ができることを示した例だ。なお、中性子星連星系でも、同様のリングが観測された例として

第五章（3）❼で紹介したコンパス座X－1が激しくアウトバーストを起こしたときに得られている。

1　A0620－00を史上最強としたが、激しい変動のためこれを少し上回る強度のブラックホールX線新星GS2023＋338が二〇一五年六月一六日にアウトバーストした。これは二六年ぶりに活動した再帰新星である。詳しいデータ解析は現在進行中であるが、一部の興味ある結果については本章（9）で紹介した。

2　光圧：宇宙航空研究開発機構は太陽光の圧力を利用した宇宙ヨット（ソーラーセイル）「イカロス」を実現した。太陽光の圧力を利用して宇宙の飛翔体を航行させることを実証した飛翔体である。ブラックホールではガスが落ちこむとき、大量に重力エネルギーを得て、放射も強くなる。この放射に伴う光圧も強力になり、ブラックホールの重力を振り切ってジェットに押し上げることが考えられる。

3　ウォルフ・ライエ星：ヘリウムや炭素、窒素の幅広い輝線が見られる青い巨星。フランスの天文学者ウォルフ（C.Wolf）とライエ（J.Rayet）によって発見された。太陽の四〇倍程度の質量をもつものもあり、星風も強いと考えられている。遠くない未来に超新星の爆発を起こし、おそらくはブラックホールになる星と考えられている。そうすると、はくちょう座X－3は二天体ともブラックホールになる珍しい連星系になると予想されている。

4　ジェットでエネルギーが奪われる割合が、中性子星よりブラックホールの方が大きい可能性はある。また、ブラックホール質量の値の不確定性が大きいためにはっきりとしたことがいいにくい、という問題もある。

第七章　巨大な残骸を残す超新星の爆発

宇宙の爆発といえば超新星こそ王者だ。

超新星は、爆発前の星の質量で爆発の形態が違ってくる。そのうち最も小型のものは、第三章で触れた白色矮星に降り積もったガスが星もろとも一気に核融合爆発を起こすものだ（本章（3）で触れるⅠａ型超新星）。星全体が吹っ飛んで、あとには高温ガスを残すだけである。

それ以外の超新星は、重い星が進化して最後に爆発するものだ。八倍の太陽質量を超える重い星の最後の運命として爆発する超新星は、中性子星やブラックホールを残す、とされる（第五章（1）❷でその過程を簡単に解説した）。

有史以来、人間が（肉眼で）観測できた超新星の数は両手の指で数えられるほどしかない。しかし今では観測技術の発達により、年に数百個の超新星爆発が観測されている。光学観測に留まらず、X線やはてはニュートリノの観測もなされ、超新星の爆発のメカニズムはだんだんわかってきた。それでも、爆発の経過を理論的に解くことはまだ研究途上である。スーパーコンピューターを使って、超新星内部を膨大な数に分割したその各部分の時間的変化を追った計算を行うことが必要になる。これは、どの爆発でもいえる爆発の解明に必要な計算の宿命だ。

本章では、〝爆発〟の観点から代表的な超新星を取り上げ、宇宙で重要な役割を果たしている超新星の魅力を探ってみる。

（1）超新星の爆発で宇宙の物質は進化する

超新星の爆発こそ本書の課題の『爆発を好む宇宙：ビッグバンにはじまり爆発で進化する宇宙』にふさわしい現象である。

星の進化は、一般に時間をかけたゆっくりとした平衡状態だ。たとえば太陽の寿命は一〇〇億年、重い星でも一〇〇万～一〇〇〇〇万年はかかる。

そんな平衡状態を突然破って爆発する超新星爆発は、宇宙を進化させる主役である。星の進化の中で時間をかけてつくり上げられた各種の元素を超新星の爆発で宇宙空間にまき散らす。それだけではなく、中性子星やブラックホールもつくり上げる。爆発の初期の時期には、次章で述べるガンマ線バーストを発生させることもある。

また、爆発で拡散したガスは、星間空間のガスとも混ざり合い、いずれ再び集まって星が誕生する。そしてそれが進化し、悠久の年月のあとには、白色矮星になったり、あるいは再び超新星爆発を起こすのだ。

超新星は私たちの銀河系の規模であれば、一般に数十年に一回の割合でどこかで発生するとされている。ただし、私たちの銀河系では一六〇四年にケプラーが発見、記録した超新星から四〇〇年以上も発見されていない[注1]。いずれにせよ、超新星爆発のくりかえしで、元素はつくられ銀河は進化する。数千万～一億個の中性子星やブラックホールが、私たちの銀河系にあると想像される（第六章（1）❶）ということは、これまでにざっと一億を超える超新星が起こったことに相当する。

宇宙全体を見ると、超新星は毎日、またはそれ以上に頻繁に起こっている。その多くは、アマチュア天文家も含め、広視野の望遠鏡を使って発見されている。そのほとんどが遠い銀河で発生するため、肉眼でも見えることはごくまれである。

最近では、超新星の発生はガンマ線バーストで見つかることもある。それを除けば、超新星爆発の初期は、一般にX線やガンマ線の放射は弱い。たとえば全天X線監視装置は感度が低いため、無力だ。ただ、新星爆発初期のごく数分という短時間だけ衝撃波でできる高温ガスから、X線が放射される可能性が指摘されている（本章（5））。この衝撃波の検出は、次世代の全天X線監視装置の課題となっている。

一方、爆発からある程度の時間が経つと、爆発の衝撃波によって周囲の星間物質や自らが放出したガスが高温に熱せられることで、X線や電波を発するようになる。実際、マキシも、巨大な極超新星の残骸が私たちの銀河系に存在することを発見した（本章（6））。

（2）かに星雲——超新星の原典

超新星というと、かに星雲を思い出す人は多い。日本の古文書の明月記にも、一〇五四年の爆発の記録が残っている。明月記は、小倉百人一首の編纂で有名な鎌倉時代の公家藤原定家が、一一八〇～一二三五年にかけて記した日記だ。かに星雲の爆発の約一三〇年後から書き出された計算になる。だから、かに星雲の爆発時の明るさを観測したのは定家ではなく、天文観測の好きな別の人が観測した記録が当時まだ残っていて、それをもとに明月記に書き記されたものだ。かに星雲の明るさを正確に観測して記録した人の人物像は不明ながら、当時としては天文学的に大変優れた観測センスの持ち主であったと考えられる。〝かに星雲〟でなく、ケプラーやチコに並んでその人の名前がつかなかったのは残念というものだ。早すぎた成果だったようだ。

かに星雲はその後、光、電波、X線、ガンマ線、宇宙線と広い分野にすばらしい天文学上のデータを提供してきた。このため、爆発後九六〇年ほどたった今も、超新星の研究における標準としての役割を果たしている。X線天文学の分野では、その強度がほとんど変わらないため、X線強度の基本単位（かに星雲強度）としても使われている。

ところが、観測精度が上がった今日、かに星雲の強度もわずかながら変動していることが見つかった。一年で全体の強度の二～三パーセント程度の変動だ。しかも、つねに一定の減衰ではなさそうであり、マキシでもこの変動を観測している。

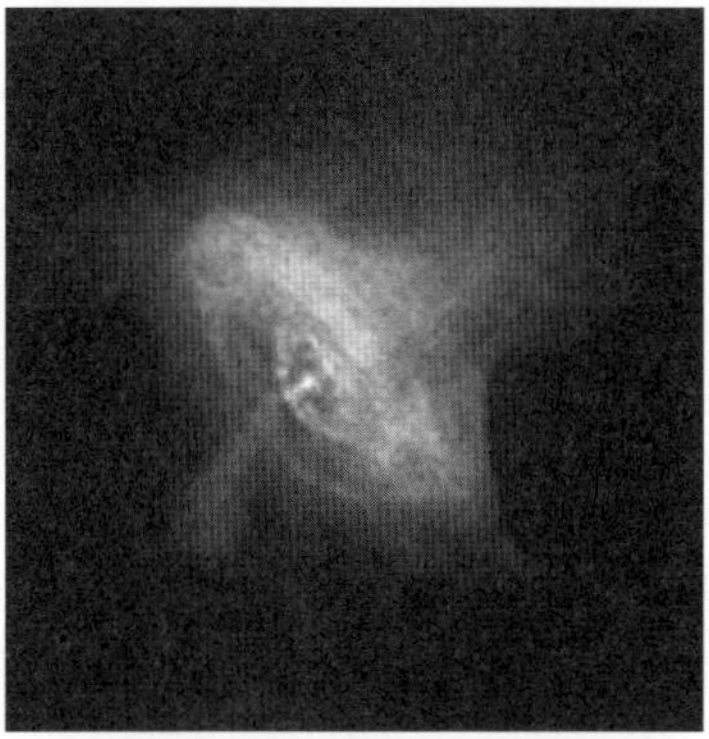

図 7.1 かに星雲の X 線画像

チャンドラ衛星で観測したかに星雲のパルサーとその付近の様子の X 線画像。中心に高速で回転する中性子星があって、そこからジェットが出ている様子がうかがえる（NASA Chandra X 線観測所提供）。

かに星雲の中心には三三ミリ秒周期で回転するパルサー（中性子星）も見つかっている（第五章（4）❶）。このパルサーも観測装置や解析ソフトの較正のための標準として使われている。しかし、この標準となるパルス周期も、何年かに一度、突然、わずかながら速くなることがある（グリッチと呼ばれる）ので注意する必要はある。このグリッチは、一般に若い中性子星が急にわずかに縮むことで起こるとされている。フィギュアスケーターが、広げていた両手を胸の前に組むと回転が速くなるのと同じ原理だ。

また、かに星雲は、強度としてはわずかながら突然ガンマ線を爆発的に出すことがある。マキシが観測をはじめた以降にこのガンマ線爆発現象があったので、その前後のマキシのデータを解析したが、パルス周期の不連続な変化は見つからなかった。上で述べたグリッチではなかったようだ。ガンマ線としては太陽の全光度の一〇〇〇倍ほど出たものの、ほかにはそれほどの影響がなかったようだ。

爆発時には太陽以上の星が一個つぶれて爆発のエネルギーに変わる超新星も、一〇〇〇年近くも経つと一見変化が見られない星雲となっている。しかし、そこでは、現在も高エネルギーの宇宙線が加速されている。宇宙線の起源として超新星残骸を候補天体とする有力説があり、その対象としても、かに星雲は古くから研究されてきた。

天体観測の長い歴史の上で変化がないとされてきた天体も、精密な観測機器を使うことで、実は変化があったり小さな爆発が起こっている、ということがわかってくることがある。かに星雲はその好例だ。宇宙は爆発で質的な変化をし、進化している。そして、爆発はどこでも起こっている。やはり宇宙は爆発を好むようだ。

(3)白色矮星が爆発する小型超新星――Ⅰa型超新星

超新星爆発のうちでもっとも小型なものは、白色矮星が爆発するものだ。超新星の分類では、Ⅰa型（〝Ⅰ〟はローマ数字の一）と呼ばれる。

第三章で見た白色矮星を含む連星系で、（古典新星などの）爆発が十分に起こらず、白色矮星の表面にどんどんガスが溜まっていく状況を考えてみよう。白色矮星全体の質量には上限があることが知られている。チャンドラセカール限界と呼ばれ、一・四倍の太陽質量と計算されているものだ（第三章（1）の囲み記事で詳説）。

白色矮星の表面にガスが溜まることで、そのチャンドラセカール限界質量を超えると、電子の縮退圧（第三章（1）参照）では自己重力による収縮圧を支えきれず、白色矮星は急激に収縮をはじめることになる。そのとき、白色矮星を構成する物質に炭素や酸素が多い場合は、その内部ではガスの圧力で高温になり、しばらくして炭素の核融合の暴走が起こり超新星として星全体を粉々にする爆発が起こることが知られている。それがＩａ型超新星爆発だ。

宇宙には白色矮星が軽い星と連星になっている系が数多く存在している。宇宙全体を見渡せば、それらが頻繁にどこかで起こっていることになる（囲み記事参照）。

Ｉａ型超新星爆発と宇宙論

Ｉａ型超新星は、つねに一・四倍の太陽質量（第三章（1）の囲み記事で解説したチャンドラセカール限界質量）で起こるため、爆発光度がほぼ同じになる。したがって、Ｉａ型超新星が発見されれば、その見かけの明るさから、その天体までの距離がわかる。なお、観測的には、爆発で出るスペクトルや光度曲線（光度の変化の推移）も特徴があるため、ほかの超新星（特に後述するⅡ型。〝Ⅱ〟

はローマ数字の二）と区別でき、混同することはない。

　この性質は、宇宙の年齢推定をはじめとする宇宙論へも決定的な寄与を果たしている。Ｉａ型超新星爆発を発見すれば、その見かけの等級から逆算することで、その天体、ひいてはその天体が属していた銀河（母銀河と呼ぶ）への距離が正確に推定できる。なお、一個の超新星爆発の明るさは、数千億個の星を含む母銀河全体の明るさを凌駕することが少なくないため、遠くの銀河で発生した超新星爆発も地上の望遠鏡で発見することができる次第だ。こうして、多くの銀河への距離がわかることで、宇宙の大規模構造のような、宇宙の三次元構造の全容がわかる。距離がわかった銀河と、その銀河が宇宙の膨張によって後退しているデータと比較することができる。後退の速度は、よく知られた元素の波長が長い方に伸びる（第八章冒頭の注1で解説する赤方偏移）ことで測定できる。そしてそれこそ、宇宙論において決定的に重要な情報なのだ。

　一般に、天文学においては、天体、中でも遠方の天体への距離を推定するのはしばしば最大の難問になる。第六章（5）❶で少しだけ触れたが、〝クエーサー〟の名の由来は〝準星〟であり、それは、発見当初、星に見える奇妙な天体だったことによる。いい換えれば、当時、何十億光年もの彼方にあるクエーサーへの距離がわからず、わずか一〇～一〇〇〇光年程度の距離にある変光星と似たように見えたのだ。このような状況のため、Ｉａ型超新星爆発を使った距離推定は天文学の福音ともいえる手法であり、これによって宇宙論が大きく発展したのだった。
なお、超新星は爆発で飛び散ったガスの光学観測の性質で、歴史的にいくつか分類され名付けられている。その後、Ｉａ型はここで述べた物理的性質がわかってきたのである。また、これまでにも述べた中性子星やブラックホールを残す大質量の星が爆発した超新星は、Ⅱ型と名付けられているものである。

白色矮星にはいろいろな形態があって、白色矮星同士の連星系もあるだろう。そんな連星系で白色矮星同士の合体が起これば、チャンドラセカール限界質量を超えて、超新星爆発が起こることになる。また、連星の白色矮星に相方の星からガスが降着してチャンドラセカール限界質量を超える状態になった白色矮星が、突然爆縮して（星全体が陥没して）中性子星になるというシナリオもある。このときはそれほど華々しい超新星にならないかも知れない。これらは可能性として考えられるものの、まだ観測的にそう確定された例はない。いつかどこかでそういう現象に出会う可能性を楽しみにして待ちたいところだ。

（4）もっとも最近、肉眼で見えた超新星1987A

❶マゼラン星雲で超新星が発見される

観測技術が発達した現代になってもっとも最近の超新星爆発は、一六万光年離れた大マゼラン星雲で起こったSN1987Aだ。一九八七年二月二三日一〇時三〇分（世界時）チリのラスカンパナス天文台のシェルトンとドゥハルデ（I.Shelton and O.Duhalde）が発見した。

SN1987Aは最高で三等星の明るさまで増光し、当然、肉眼でも見えた。これは、大マゼラン星雲が発するすべての光を集めたよりも明るい。このニュースは世界を駆けめぐり、地上の光学、赤外線、電波の望遠鏡は一斉にこの方角に向けられた。当時、神岡鉱山の地底では素粒子のニュートリノを観測する装置も稼働していて、超新星爆発で発生するニュートリノをとらえたことはよく知られている。ニュートリノは核爆発など核反応では大量に放出されることが知られているが、実際に超新星からのものをとらえたのは史上初めてだった。神岡のニュートリノ観測を率いていた小柴昌俊が二〇〇二年のノーベル物理学賞を受賞したことは記憶に新しい（図**5・1**の写真）。

これほど大きな爆発だから、X線やガンマ線もさぞ大量に出るものと想像したくなる。さっそく気球によってガンマ線観測がなされ、予想通り核爆発で生じたコバルト元素のガンマ線が検出された。

一方、X線の方はそれとは異なった。その頃、ちょうど日本が第三号のX線天文衛星「ぎんが」

図 7.2　SN1987A の爆発初期の（可視光の）写真
左が爆発後最大（3 等星）に近い 1987A、右は爆発前の 13 等星の B 型の青色超巨星（アングロ・オーストラリア天文台提供）

をその月の初めに打ち上げたところであった。試験観測期間中をおしてSN1987A方向を観測したものの X線はしばらく検出されなかった。超新星でも爆発してしばらくは濃いガスがあるため、X線は吸収されて弱すぎて観測にかからなかった、と理解される。数カ月後、「ぎんが」衛星はついにSN1987A方向からの弱いX線をとらえる。これは、爆発の衝撃波が周りの星間空間のガスに衝突したときに発生したものと解釈された。なお、二〇一五年の現在、片手で数えられない数のX線天文衛星とガンマ線天文衛星が稼働しているが、一九八七年二月の時点ではぎんが衛星だけだったので、ぎんが衛星は貴重なデータを提供した。

❷ SN1987Aの現在

SN1987Aは、太陽の二〇倍ほどの質量

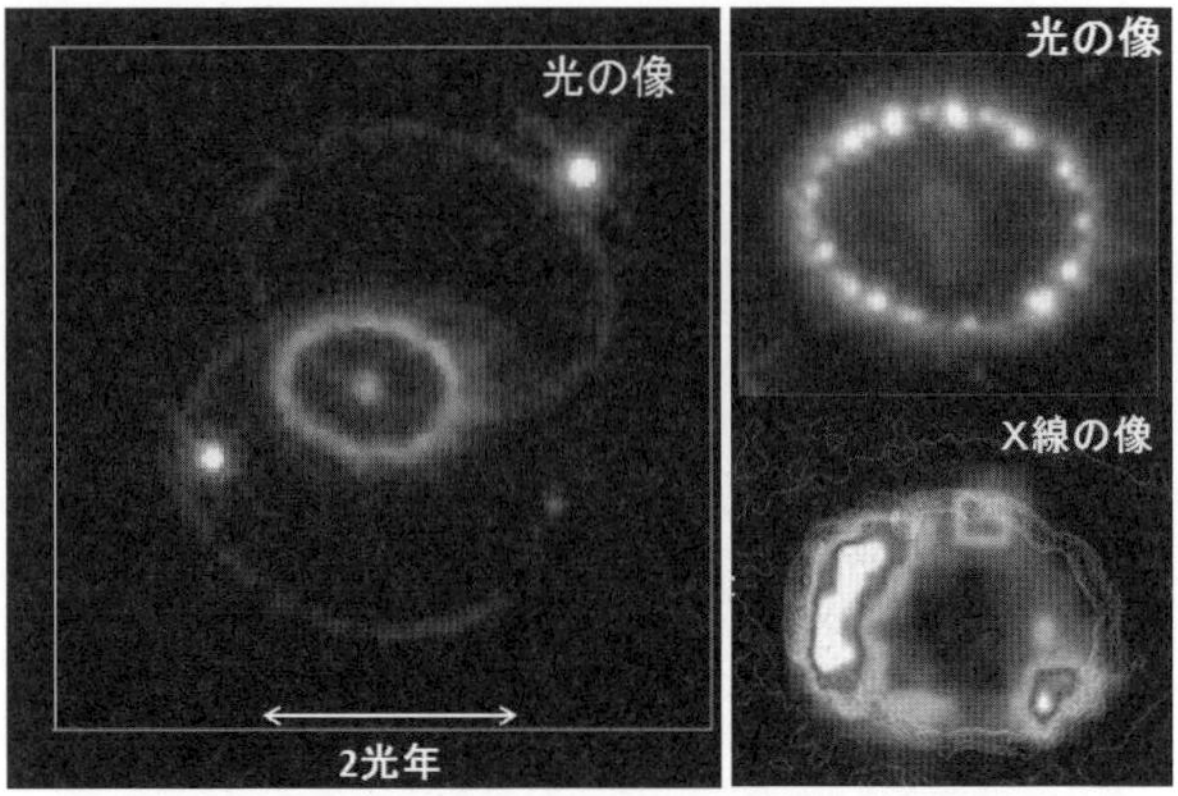

図 7.3　SN1987A の爆発数年以降の光と X 線の像

左の写真はハッブル宇宙望遠鏡で 1994 年に撮影した SN1987A の広視野画像で、三つのリングが現れた。右上の写真は 2000 年に撮影したハッブル宇宙望遠鏡の画像と右上はチャンドラ X 線望遠鏡の X 線像である。光では真珠の首飾りのような画像が見える。X 線では、わが銀河系に見られる超新星残骸の小型版が見えはじめた（NASA/Hubble/Chandra の光学及び X 線観測所提供）。

をもつ青色超巨星が爆発したものである。実際、超新星爆発前にその場所に青色超巨星があったことがわかっているので、それは疑いない（図**7・2**）。爆発して四半世紀が経過した今に至るまで、光でもX線でもこの超新星の残骸の詳細な観測がされている。今では、爆発による強力な衝撃波がつくった美しい幾何学的な模様が見える。

図**7・3**に示すチャンドラ衛星によるX線像のリング（輪状構造）は、銀河系内にある古い超新星の残骸の小型版に見える。ハッブル宇宙望遠鏡による可視光線の画像には三重のリングが発見された。内側のリングは真珠状の粒がつらなったネックレスに見える。これらは、爆発前の青色超巨星の時代に周囲にまき散らさ

れたガスや、あるいは周辺の磁場の構造が見えてきたものと解釈されている。

　このように超新星の爆発によって新たなガス星雲が生まれ成長する。つまり、青色超巨星は、星の進化の平衡が破れ、質的に新しい星雲へと生まれ変わったわけだ。中心にはおそらく中性子星も誕生していると想像されるが、まだパルサーは確認されていない。

(5) 超新星のショック・ブレイクアウトとベテルギウス

　超新星が爆発するとその衝撃波が厚い星の大気を突き破って伝わり、衝撃波で加熱されたガスがX線を出す現象がある。これを超新星のショック・ブレイクアウトと呼んでいる。それを検出するには、全天X線監視装置が有力な手段になろう。

　その存在は理論的には予想されていたが、実際にとらえたのは一例だけである。そしてそれは、全天X線監視装置ではなく通常のX線望遠鏡によるもので、幸運が働いた結果だった。スイフト衛星の狭い視野のX線望遠鏡が、渦巻き銀河NGC2770の方向を観測していたとき、たまたまこの銀河で超新星（SN2008D）が発生し、その衝撃波によるX線をとらえたものだ。そのX線閃光は、軟X線の帯域で五分間ほどの間、輝いた。X線が軟らかく、弱かったため、スイフト衛星の硬X線の全天X線監視装置では検出できなかった。

　同様なショック・ブレイクアウトは、超新星の爆発の瞬間がとらえられれば検出可能性がある。

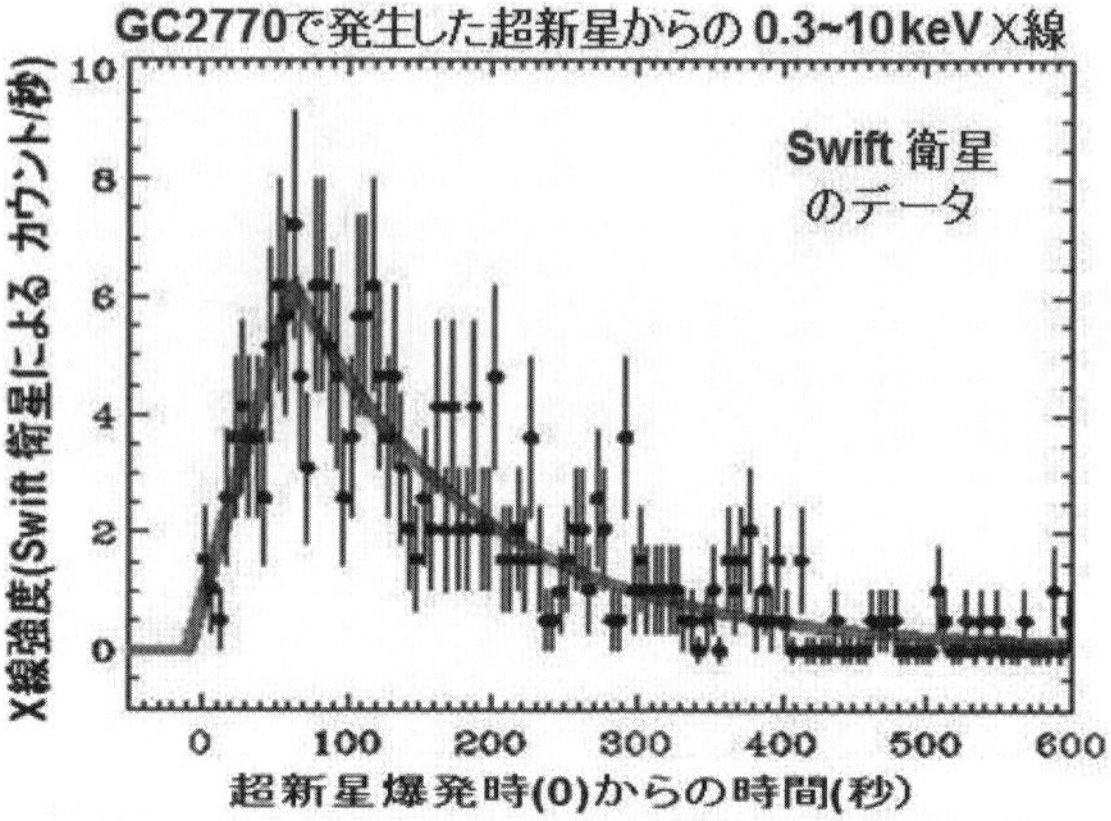

**図 7.4　ベテルギウスの超新星爆発で予想される
ショック・ブレイクアウト**

2008 年に NGC2770 で発生した超新星で検出されたショック・ブレイクアウトのデータをもとに、ベテルギウスが爆発したとして予想したときの X 線の強度変化の推移曲線である（A.M.Soderberg et al. Nature **453**（2008））。5 分ほどの継続時間であるが、軟 X 線では最大級の太陽フレアの X 線強度も凌駕するほどになると予想されている。

近くの星で予想してみよう。超新星爆発候補として、オリオン（座）の右肩に輝く一等星（変光星）、ベテルギウスを考える。この星は太陽の約二〇倍の質量をもつ赤色超巨星で、〝近々〟超新星爆発を起こすと予想されている。ただし、爆発時期の予測は困難で、今年爆発する確率はきわめて低いものの、一〇〇万年以内に爆発することは確かだ。ベテルギウスが爆発すると、可視光では満月ほどの明るさになると見積もられている。

X線放射では、爆発の衝撃波が赤色超巨星の大気を突き破るときに出すX線が数分間やってくる（ショック・ブレイクアウト）。ベテルギウスが超新星爆発したときに発生するこの衝撃波によるX線強度を、右記に述べたＮＧＣ２７７０の結果から推算すると、最大級の太陽フレアによる全X線強度を少し上回るほどだとわかった。もしそれが起これば、短時間電離層に影響が及び、一部の通信に障害が起こるかも知れない。当然ながらこの予想は不確定性も大きいことを注意しておく。

五分ほどしか輝かないこのX線の検出は、超新星の爆発機構や周りのガスの状況を知る上でとても大切である。マキシはベテルギウスをX線監視の公開リストに入れてX線で監視している。超新星爆発前後で起こる予想外の天文現象をとらえるべく、マキシは千載一遇の機会に備えているものだ。

運も実力のうち

大マゼラン雲で発生した超新星ＳＮ１９８７Ａが発生し、ぎんが衛星がこれを観測しはじめた頃、ある超新星の理論家から電話が入った。「爆発時にX線の閃光を観測しなかったか」という問いであった。少なくともショック・ブレイクアウトがなかったかということである。残念ながら、ぎんが衛星は視野が狭く、観測は光の爆発確認後の観測のため、ＳＮ１９８７Ａの爆発の瞬間は観測していなかった。天体の爆発の瞬間をとらえるには広い視野で待ちかまえていなければならない。当時、マキシが稼働していて五分間のバーストが視野に入っていたらX線は検出器を飽和するほどだったに違いない。五分間はマキシの観測システムから考えても残念ながらSN1987Aの閃光を見られなかった確率は大きい。この検出確率を大きくする装置をつくるところに実力の差が出るのだろう。

一つの天体の観測効率に限ると、マキシのような全天X線観測は国際宇宙ステーションの軌道周期（約九〇分）に一〇〇秒しか観測できない。この一〇〇秒を増やす設計にするとX線の検出能力が下がるジレンマがある。マキシは数十秒しか続かないバーストの検出効率をこれまでの最高感度にし、そのとき見える宇宙の視野を最大に設計したものだ。このため、数十秒以下の短いバーストや九〇分以上続く変動現象では、これまでの全天X線監視装置では最高の性能である。しかし、ショック・ブレイクアウトのように五分ほどの現象を捉える確率は小さくなる。宇宙現象は多様なため、目的を絞って設計せざるを得ない。この設計思想と装置の工夫が〝運〟につながるのだろう。

第三章（3）の古典新星の閃光や、第二章の星からの巨大フレア、第五章（3）❷のスーパーX線バーストなどの検出ではマキシの専売特許で成果をあげている。

カミオカンデの運用当初に、超新星SN1987Aのような僥倖に恵まれる可能性は、実は決して高くはなかった。カミオカンデも含めて、多くの目立たない地道で着実な研究が続けられる。その努力の甲斐あって華々しい成果を手にする人は、実際にはきわめて少ない。しかし、それら小さい地道な多くの研究は、それが直接ノーベル賞につながらないにしても、総体としては、科学の発展につながる大きな成果に匹敵するものだ。そのなかには失敗で終る場合もある。運があれば〝不運〟もあるのが最先端の研究なのだ。

爆発を狙う観測は、大きな成果が得られることも時にはあるが、目新しい爆発に出会う幸運に恵まれずに終わることの方が多い。そこで現実的には、爆発のように確率の低い事象を狙うときは、その主目的以外の副産物の成果も大切にするよう、科学者はよく考えて計画している。通常、副産物だけでも、着実に科学の発展に寄与できるものだ。そして、カミオカンデの場合は、SN1987Aからのニュートリノの発見も、二〇一五年度のノーベル物理学賞に輝いた梶田隆章教授のニュートリノの質量の発見も、実は、カミオカンデ設計当初の第一課題ではなかったことを注意しておく。これこそ実力が〝運〟を呼んだケースだ。ここに自然科学研究の醍醐味があるのだ。

(6) はくちょう（白鳥）座の極超新星の残骸

マキシの軟X線全天カメラは、観測開始（二〇〇九年八月）以来、全天にわたって分布する高温度領域を観測してきた。機械のカメラの場合、人間の目と異なり、長い時間見れば見るほど、それまで見えていなかった暗い天体や構造が見えてくるようになる。マキシでは、三〇カ月分の観測データを総合したX線全天撮像写真（図**7・5**）から、はくちょう座の方角に軟X線の大構造を確認した。それを詳しく解析した結果、およそ二〇〇万〜三〇〇万年前の巨大な超新星爆発の痕跡の可能性が高いとの結論に達した。

このはくちょう座の大構造は一九九〇年代にドイツのX線天文衛星ローサット（ROSAT）が発見したものだ。しかし、エネルギー分解能の限界のため、当時はその起源を突き止められなかった。マキシのX線カメラは格段にエネルギー分解能が高いため、そのガスの量や状態を詳しく調べることが可能になった。高温ガス中のネオンなどの電離元素による輝線の検出にも成功し、温度が約三〇〇万度とわかった。

この大構造ははくちょう座の方角にある高温のガスによるスーパーバブル（超泡状構造）と呼ぶことができる。マキシの観測データから、それは半径約一〇〇〇光年にもなるバブルで、それに含まれる全エネルギーは普通の超新星残骸の一〇〇倍ほどにもなるとわかった。また、データは、この高温ガスは、場所によらずほぼ同じ時期にできたことを示唆している。そこから、これは太陽の数十倍ほどの巨大な星が大爆発（極超新星）を起こして広がった痕跡と解釈することができる。

極超新星は太陽質量の数十倍の星の巨大な爆発であり、ガンマ線バーストも発生すると考えられている。極超新星の爆発の痕跡は、広い宇宙ではすでにいくつか見つかっている。しかし、わが銀

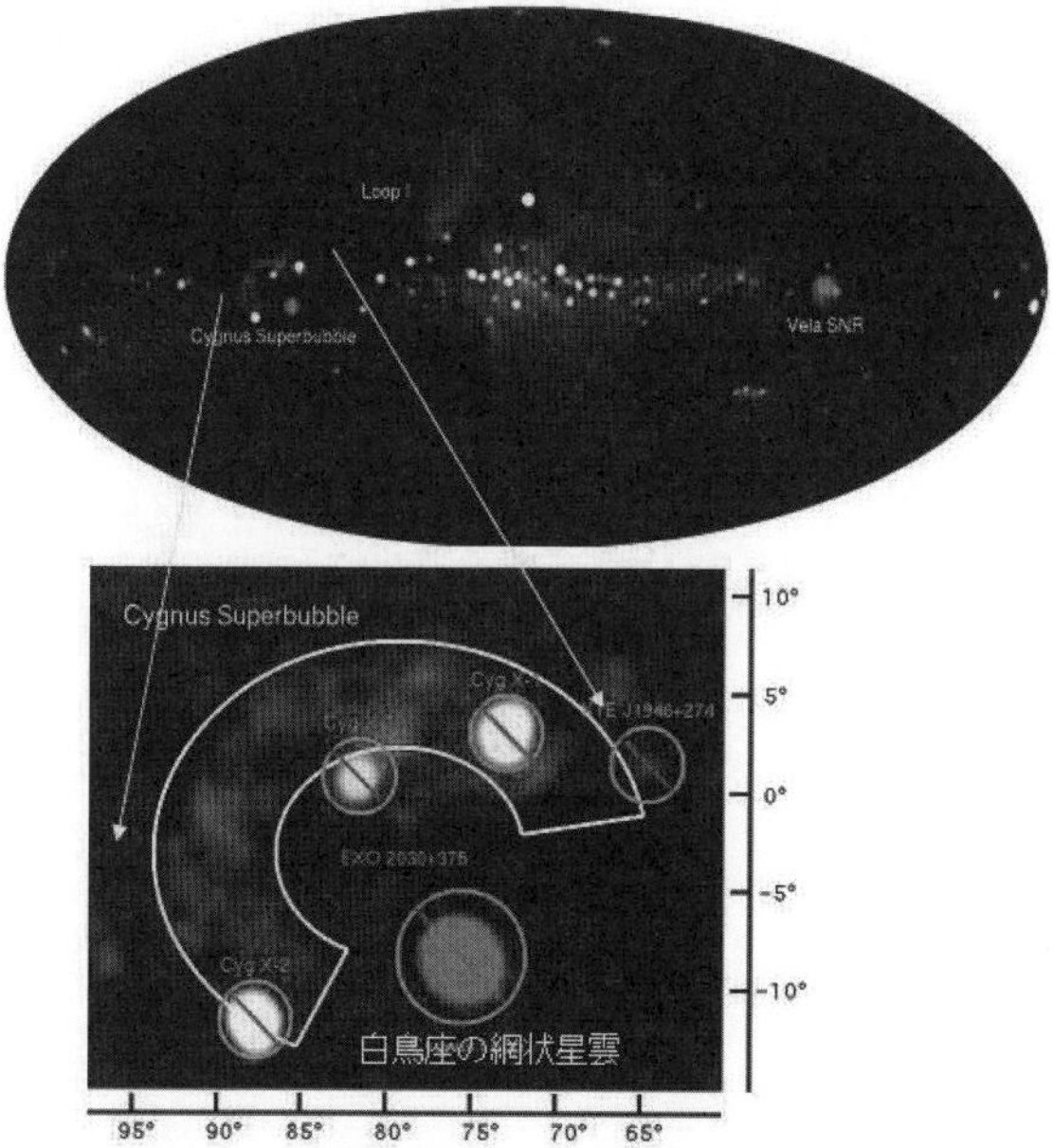

図 7.5　はくちょう座に見つかった極超新星の残骸

マキシの軟 X 線観測装置でとらえられた馬蹄形の軟 X 線像である。下部に見える丸い点状X線源を除いた広がったX線に注目されたい。馬蹄形の大きさは半径 1000 光年にもなる。この一連の広がった X 線源は、300 万度ほどのほぼ一様な性質の高温のガスからの放射を示している。このことや X 線のスペクトルにおける吸収の構造を調べることで、この構造は極超新星が 200 万〜300 万年前に爆発した残骸と解釈された（木村ほかマキシチーム提供）。

河系内でその痕跡らしいものが見つかったのは初めてのことだった。二〇〇万～三〇〇万年前、人類の祖先は、はくちょう座の方向に突然、満月ほどに輝く極超新星を見て、さぞ驚いたことだろう。記録に残すほどの知能が発達していなかったにせよ、脳に何らかの刺激を与えたに違いない。

1　第五章（3）❼で述べた超新星残骸のカシオペヤAは三三〇年ほど前に爆発したとされているが、爆発の様子はなぜか世界中どこにも記録がない。

第八章　ガンマ線バースト

ガンマ線バーストこそ宇宙でもっとも大きな爆発とされている。ただし、ガンマ線バーストの源は、ほとんどの場合、超新星爆発が主だと今ではわかっているので、爆発の本来の大きさは超新星と変わりない。しかし、ガンマ線バーストは、地球に向かってくるジェット（第六章（2）❸で詳説）を直接見るという特殊な位置関係にある。そのため、爆発そのものは超新星でも、見え方が加勢することによって、地球の方向に最大の爆発エネルギーを送ってくるという仕組みだ。また、ジェットが地球方向に高速で放出されているため、その放射は激しく赤方偏移することでX線からガンマ線となって見える。

地球から観測するという観点で見て、秒単位の短い時間に出す爆発エネルギーとしては、ガンマ線バーストを超えるものは宇宙には見当たらない。一〇〇億光年を超える宇宙の果てからのガンマ線バーストも、短時間の露出時間で検出できるのだ。

赤方偏移と青方偏移

放射する物体が観測者に近付いてくる場合と、遠ざかっていく場合を考えてみよう。近付いてくる光は波長が短くなる。すなわち、エネルギーが高くなる（これを青方偏移と呼ぶ）。遠ざかる場合は波長が長くなるため、エネルギーが低くなる（赤方偏移）。前者では、ジェットの速度が十分に速いと、物体から放射される光はX線に、X線はガンマ線として見える。後者では、ガンマ線はX線として、X線は光として観測される。この物理法則（ドップラー効果）に目をつけ、ガンマ線のもつ膨大なエネルギーを説明する仮説として高速に走る〝火の玉〟が提案され、今ではそれが基本概念として受け容れられている。これについては本章（3）で述べる。

（1）ガンマ線バーストの発見と正体

❶ガンマ線バーストの発見

一九五七年に世界最初の人工衛星スプートニクをソビエト連邦（ソ連）が打ち上げて以来、米・ソの間での宇宙開発競争は激化した。この勢いにのって、米・ソとも、冷戦の一環として核実験を大気圏外でもはじめた。エスカレートする冷戦と核軍拡の恐怖の中、米・ソ・英は部分的核実験禁止条約（ＰＴＢＴ）を締結し、これにて地下を除く核実験が禁止された。

その条約締結に際し、大気圏外での核実験を監視するため、米国はベラ・シリーズの衛星を打ち上げた。最初の打ち上げは、一九六三年のＰＴＢＴが発効してわずか一週間後のことだった。核爆発で放射されるX線やガンマ線をステレオでとらえて爆発位置を決めるため、高度約一〇万キロメートルで周回するベラAとBの双子衛星の誕生である。

ベラ衛星の広視野の検出装置は、とらえたガンマ線の放射源が、核爆発実験のものか、宇宙から飛来するものかの区別がつけられるものであった。この検出装置の開発およびデータ解析は、米国で原爆の開発を行ったロスアラモス国立研究所の研究者グループが担当した。そこでデータ解析をしていたクレベサデル（R.Klebesadel）は、ガンマ線の爆発（バースト）の中に、地球上空で爆発した原水爆では説明できないものをとらえた。数秒〜数十秒間しか続かないガンマ線の奇妙なバースト現象だった。

それらが原水爆実験に起因しないとして、ではどこから来るのだろう。太陽あり、大気圏外では地球起源の宇宙放射線もやってくる。地球を取り囲む放射線帯もある。雷などで、ガンマ線が地球近辺で発生する可能性もある。あるいは、検出器系統の雑音かも知れない。クレベサデルたちは慎重に調べ、検証を重ね、それら奇妙なバーストがそれらのいずれでもなく、宇宙のどこからかやってくるガンマ線だと結論して論文にした。

意外な発見の発表には時間がかかることがある。この場合、検証に時間がかかり、発見から五年ほど経ってようやく一九七三年に正式な論文になった。実は、同じように宇宙からの爆発現象を発表したソ連の論文は、後ほど、地球上層で起こる放射線の異常増加だとわかった。クレベサデルたちの結果は、その後宇宙物理学でも重要な分野に発展したガンマ線バーストに関する、栄誉ある最初の論文だった。

大気圏外域での原水爆実験

一九五〇〜一九六〇年代に行われた大気圏外での原水爆実験は、地球の大気が厚いことを利用して、上空数百キロメートルの大気圏外で爆発させたものだ。大変乱暴な話で、この爆発で生じた放射性物質は全地球にばらまかれた。一九六三年には大気圏内外と水中の原水爆実験は禁止された。それでも、原水爆実験による放射線量は、多いときには、自然な状態よりも一万倍以上が地球を取り囲み一〇年以上も影響が残っていた。放射線の総量では、東日本大震災で起こった福島原発事故の大気中の放射線量よりはるかに多かったのである。

❷ガンマ線バーストは銀河系外から来ていた

ガンマ線バーストは、可視光からX線、ガンマ線の広いエネルギー帯域で検出される爆発現象である。少し遅れて電波でも検出されることもある。強く光っている時間は数秒〜数十秒ほどである。強度はかに星雲の強度を少し下回るものから、これを一〇倍も上回るものも珍しくない。強度変化曲線の初めは強く、急速に弱くなっていく。二山、三山と時にぶりかえしながら減光するものもある。速い不規則な変動をして、一定のものはない。しかも、全天どこで起こるかは予測できない。

このようなガンマ線バーストは一九七三年の発見論文以降、一九九七年にその対応天体が光学的に同定されるまで、四半世紀の間、どういう天体がバーストを発生しているのかさえわからなかった。このため、いつ起こるかわからないガンマ線バーストそれぞれの時間変動の様子や発生時刻を観測することが続けられた。それと並行して、できるだけ正確に位置決定をする検出方法も開発された。しかし、〝正確〟といっても一度角程度の精度であり、一秒角未満の精度が当たり前の光学とは天と地の開きがある。実際、一度角の範囲内には無数の光学天体が存在する。それもあり、位置が相対的に〝高〟精度で決まっても、そこには特別な天体は可視光では発見できず、対応天体を決めることができなかった。そもそも、ガンマ線バーストは短時間の爆発現象のため、発生後何日か経ってからの光学観測では空しい追観測だった。

そのような事情で、一九九〇年頃までは、観測データは増えてきたものの、実体がわからず、起源について諸説が乱れとんでいた。大きく分けると、ガンマ線バーストが私たちの銀河系内起源なのか、銀河系外で起こっているかの二説があった。銀河系外の起源であれば、膨大なエネルギーの放出を説明する必要がある。この二つの起源の論争が国際会議でも激しく繰り広げられたのだった。

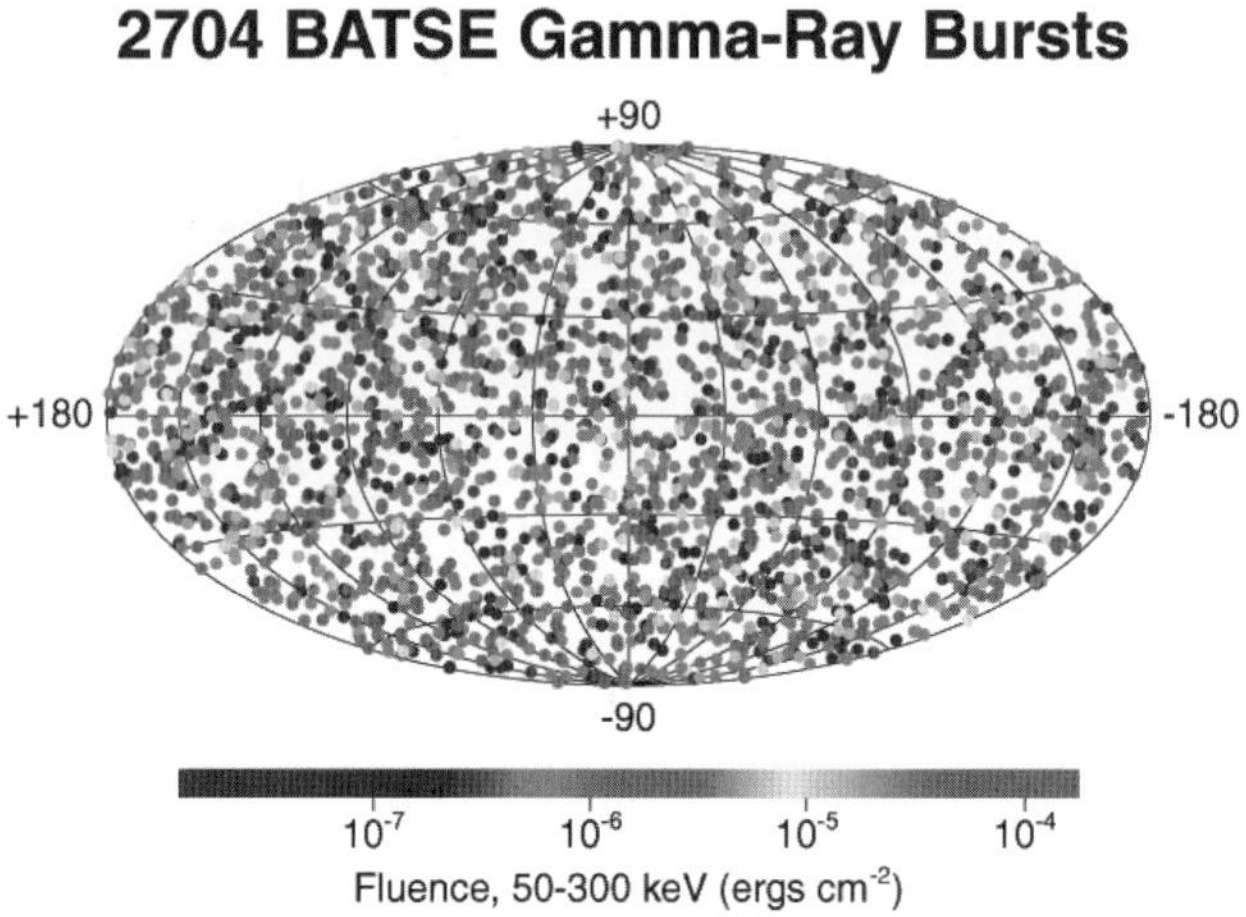

図 8.1　ガンマ線バースト源の全天分布

コンプトンガンマ線天文台でとらえた 2704 個のガンマ線バーストを、銀河中心を図の中心にした銀河座標で示した全天分布である。同衛星は、1991 年の観測開始から 1 日ほぼ 1 個の割合でガンマ線バーストをとらえた。強度は図下にある棒グラフのように色分けで**口絵 7** に示してある。濃い赤がもっとも強いガンマ線バーストである。ガンマ線バーストの天球分布は、全天ほぼ一様なことがわかる（NASA コンプトンガンマ線天文台提供）。

そんな中、まず、銀河系内起源か、銀河系外起源かだけでも観測から決めるための衛星が計画された。方向検出機能は劣っていても検出数を稼ぐことを重視したものである。もし、起源が私たちの銀河系内であれば、星の分布に似て天の川の方向に偏った分布になると予想される。逆に、銀河系外の数々の銀河か宇宙の果てから来ているのであれば、全天に一様に分布するはずである。その方針で開発されたのがＮＡＳＡのコンプトンガンマ線天文台[注1]で、一九九一年に打ち上げられた。

　同衛星の観測により、ガンマ線バーストの起こる方向は、全天にほぼ一様に分布していることがわかった。銀河系外起源の説が正しいと確定したのだ。一九九〇年代前半のことであった。しかし、データの位置決定精度は悪かったため、銀河系外の何がバーストを起こすのかがわからないことには変わりなかった。しかも、銀河系外起源とはっきりしただけに、その膨大なエネルギー放出量を説明する必要ができたものだ。一九九〇年代半ばには、ガンマ線バーストの起源は、天文学上の最大の謎の一つとなった。

❸ガンマ線バーストには残光があった

次の課題は、数秒しか輝かないガンマ線バーストをいかに光学望遠鏡ですぐに観測して光学同定するかだった。その方法として、二種類の異なる衛星が計画された。その一つは、ガンマ線バーストをとらえた衛星の機上で即座に位置決定して、その情報をすぐに地上に送り広い視野の光学望遠鏡でその方向を観測することで、光学的に同定する方法である。これは、ガンマ線バーストがバースト中であれば可視光でも光っていると期待したものである。その衛星ヘティ（ＨＥＴＥ）は、米・日・仏の共同プロジェクトとして二〇〇〇年に実現し、ガンマ線バーストの光学同定に大きな成功をおさめた（囲み記事参照）。

ガンマ線バースト初の光学同定の裏話

ガンマ線バーストの初の光学同定は、イタリアのX線天文衛星ベッポ・サックスを使った快挙だった。あるガンマ線バーストに明るい残光があったことも幸いして、通常の衛星で実現できたものだ（本章（1）❸に詳述）。そのガンマ線バーストGRB970228（一九九七年二月二八日のガンマ線バースト）が発生したのは、ちょうど理化学研究所で（いずれも打ち上げ予定の）ヘティやマキシを使った「トランジェント天体の現在、今後の研究」についての国際会議を開催している最中だった。最初にベッポ・サックス衛星によってX線の明るい残光がとらえられ、会議開催期間中にその光学対応天体をとらえたことまではっきりした。はるかかなたの遠い銀河からこのガンマ線バーストが発生していることが初めて突き止められた歴史の瞬間であった。

その中心的研究者はイタリアのピロ（Luigi Piro）で、ちょうど同会議に出席中だった。そこで、急遽、特別に、この歴史的な発見を発表してもらった。実はピロは、その七年ほど前の一九九〇年代初めに、理化学研究所の筆者の研究室で三年間滞在した研究者だった。ガンマ線バーストの解明のために精魂を傾けてきた筆者としては、縁を感じる嬉しい出来事であった。そして、この快挙に喜びあったものだ。

もう一つの方法は、一つの衛星上に、広い視野のガンマ線バーストの検出器と一緒に、視野の狭い位置決定精度のよい光とX線の望遠鏡を搭載するものだ。ガンマ線バーストの検出器によって粗く決まったバーストの方向に、光学およびX線望遠鏡をただちに向ける方法である。これもNASAのスイフト（Swift）衛星として二〇〇四年に実現し、現在も多くのガンマ線バーストを光学的に同定している。

ヘティ衛星は、ガンマ線バーストの光学同定の最初の栄誉をつかむことを目指した。しかし、一九九七年の打ち上げに失敗してしまったため、二号機打ち上げまで待たなくてはいけなくなった（囲み記事参照）。この停滞している間に、イタリアのX線天文衛星にその栄誉ある成果は先んじられた。そのガンマ線バーストの光学同定の第一号は幸運なハプニングの結果だった。

ヘティ衛星

HETE（High Energy Transient Explorer：高エネルギー・トランジェント探査衛星）は、一九九〇年から、MIT（マサチューセッツ工科大学）、理化学研究所、フランスのトゥルーズにある宇宙科学研究所の三機関が共同して開発し、二〇〇〇年に実現した。最初の打ち上げは一九九七年だったが、ロケットと衛星との切り離しに失敗した。これは大きな打撃だった。ヘティチームは、必死の努力で関係機関の協力をとりつけ、急遽復活させて二〇〇〇年に第二号機を打ち上げることを成功させた。

衛星のプロジェクトには失敗がつきものである。日本の第一号X線天文衛星「はくちょう」の初号機（コルサと呼ばれていた）は一九七六年に失敗した。ヘティと「はくちょう」とは大きさや経費が似ていたが、失敗まで似てしまった。「はくちょう」を短期間に必死に復活させたのは、「はくちょう」のマネージャの小田稔だった。「はくちょう」時代に小田の手法を学んだ筆者は、ヘティの日本側責任者として必死に復活にこぎつけたものだった。

一九九六年に打ち上げられたイタリアのベッポ・サックス（Beppo SAX）衛星は、ガンマ線検出器とともに、少し広い視野のX線検出器を搭載していた。これでいくつかのガンマ線バーストをX線でとらえることに成功したのである。この衛星の主目的は、通常のX線天体を調べることであり、ガンマ線バーストの研究は相対的に重要視されていなかった。それもあって位置決定は地上で解析するシステムであり、機上で位置決定するヘティなどに比べると遅れが出てしまう。一九九七年二月二八日、そのX線検出器の視野内で強いガンマ線バーストが起こった。数秒の強いガンマ線バーストの後、弱いながらX線でも光り続けた（残光と呼ぶ）。データを地上に下ろして解析をす

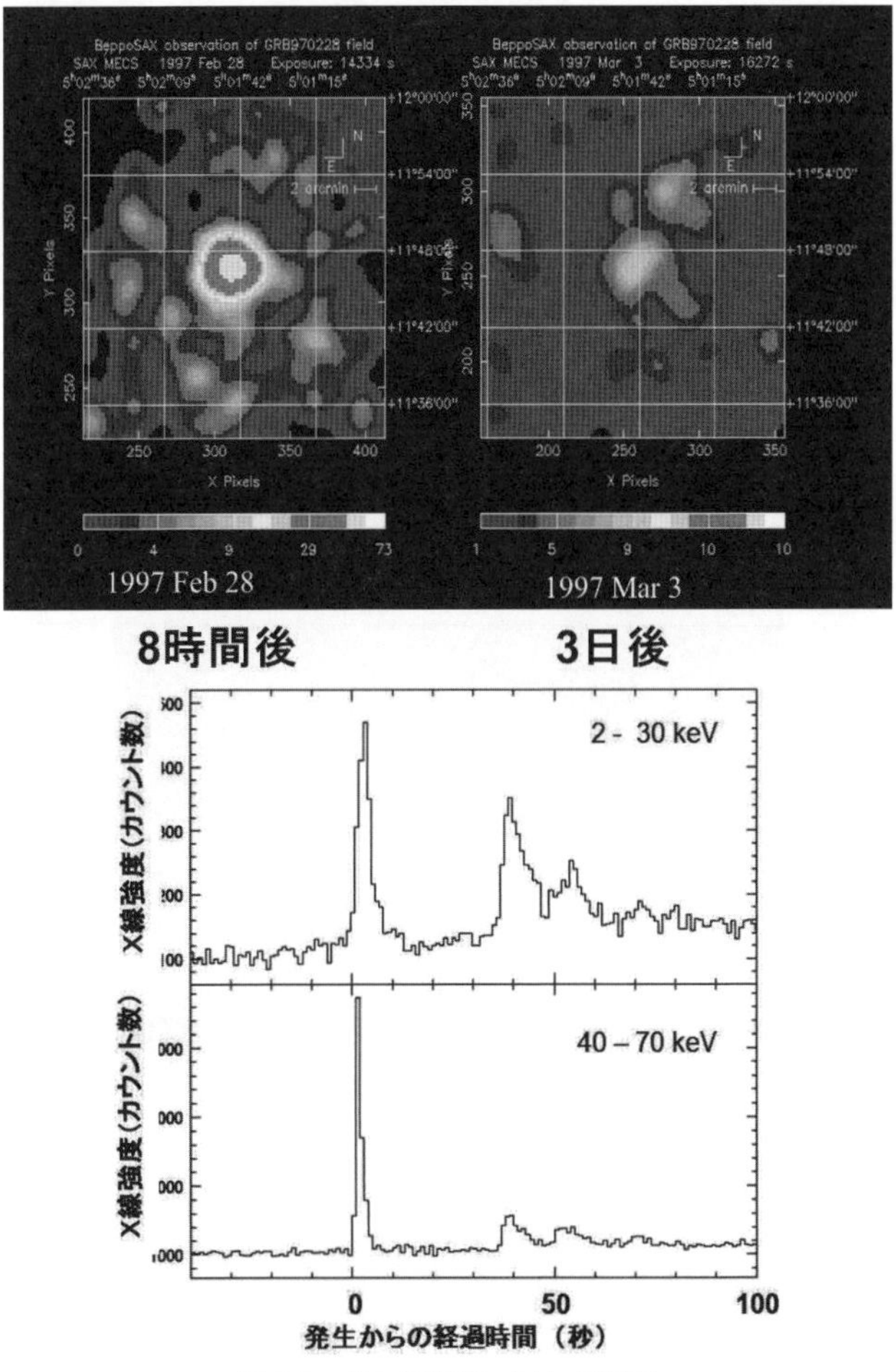

図 **8.2**　ガンマ線バーストの残光

ベッポ・サックス衛星が 1997 年 2 月 28 日にとらえたガンマ線バーストは残光で輝いた。画像の左はガンマ線バースト（GTB970228）が爆発してから 8 時間後、右が 3 日後に得られた X 線画像である。X 線の強度の時間変動も二つのエネルギー帯域に分けて示す（R.Costa et al. Nature **387** (1997), 783）。

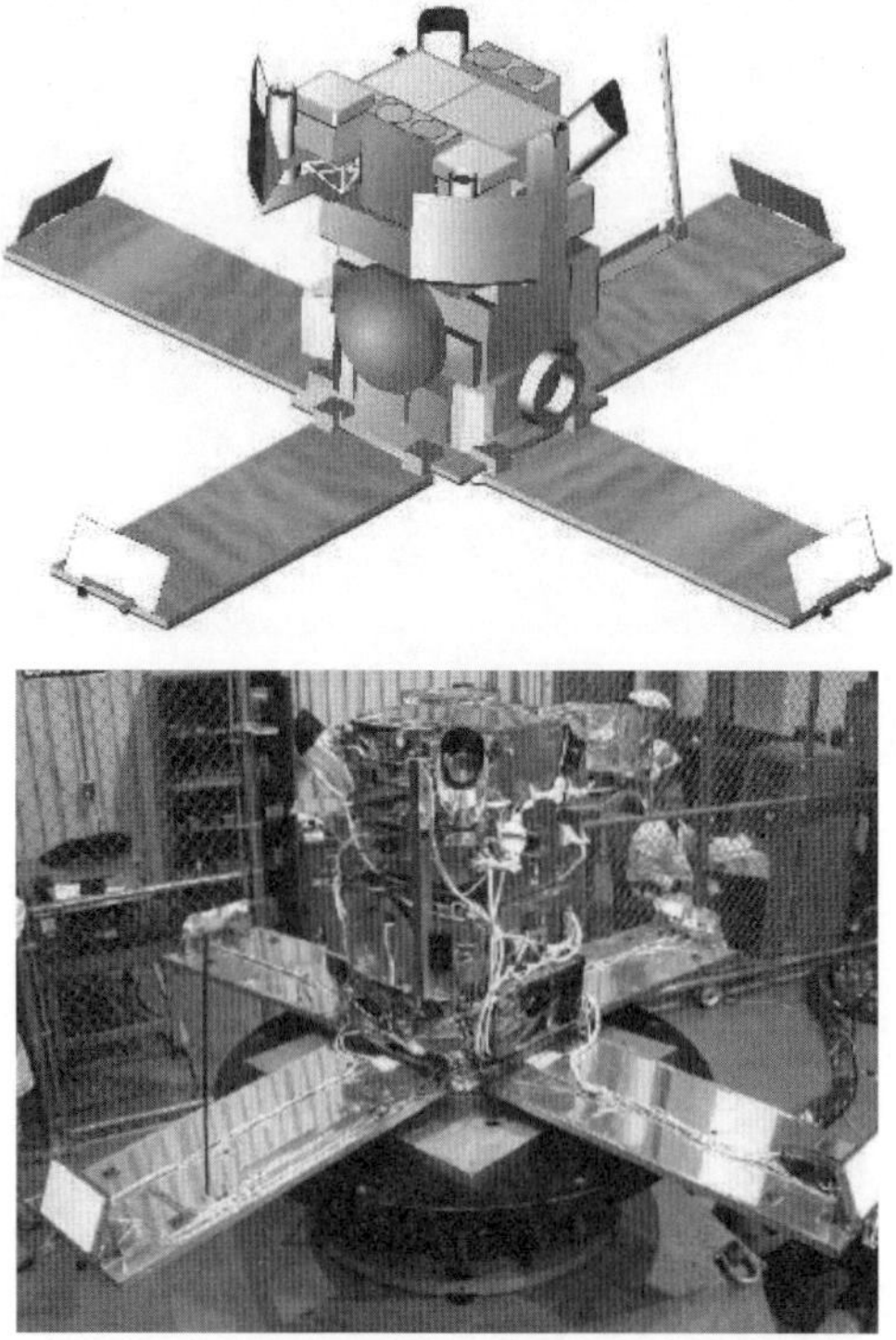

図 **8.3**　ヘティの外観

ヘティ衛星の外観図（上）と打ち上げ前の試験中のヘティ (HETE-2 チーム提供)。HETE-1 は 1996 年打ち上げ後、衛星の切り離しに失敗。HETE-2 は 2000〜2007 年の期間運用され、ガンマ線バーストの位置決定をすばやく世界に速報した。搭載機器は米・日・仏の共同チームによって開発された。

る数時間の間も、そして実は三日経ってもまだ観測できるほどの明るいX線残光だった。X線観測では、ガンマ線観測よりもはるかに高精度で位置を決定することができる。その座標をもとに可視光でも同定できる期待がぜん高まった。X線観測データに基づいて位置決定をした数時間後には、スペイン領のカナリー諸島の（光学）望遠鏡でその方向を探すことができた。その結果、ついに可視光でこのガンマ線バーストの対応天体を見つけることができたのだった。それは、普通の銀河の一角に同定された。分光観測も行われ、その距離も八一億光年と決定された。

さて、こうして一旦、光学望遠鏡でガンマ線バーストが同定された例が出た後は、ベッポサックス衛星のデータから何例も光学同定に成功し、後にはヘティ、スイフトの両衛星によってその数は飛躍的に増えた。そのいくつかは超新星の爆発の初期に起こるものであることが見つけられた。超新星に直接は同定されなかったものも、X線やガンマ線の放射の性質を調べた結果、多くは超新星起源だと見られる。こうして、ガンマ線バーストは、主に超新星の爆発の初期に発生することがわかってきた。

❹ガンマ線バーストの凄まじいエネルギー

ガンマ線バーストは単独の爆発天体だ。そのすごさたるや、最大級のガンマ線バーストが一万光年の彼方で発生して地球を直撃すると仮定すると、太陽が出す全放射量に相当するガンマ線で地球を照射するのと同じくらいにもなる。その際、地球は幸い厚い大気で覆われているためガンマ線は地上まではほとんど届かない。また、ガンマ線バーストの放射が強い時間が一〇秒程度の短時間ということもあって、人類に被害が及ぶことはないだろう。

しかしこれがもし一〇光年先で起これば、ガンマ線バーストの方向の側の地球半球は短時間ながら相当の被害が出るだろう。ただし、一〇光年という近いところにガンマ線バーストを起こす可能性がある星はないことはわかっているので、心配するには及ばない。また、超新星が爆発したときにジェットが地球に向かってくる確率は〇・一パーセント以下と小さいため、地球を破壊するガンマ線バーストを心配する必要はない。

加えれば、第七章（5）で述べたベテルギウスが超新星爆発を起こしたときにガンマ線バーストを発生しても、幸い、地球方向には向かってこないことがわかっている。参考までに、地球を危険にさらす天体現象としては、本書では取り上げていないが、巨大隕石の落下がもっとも確率が高い。有名なものとして、恐竜の絶滅をもたらしたとされる隕石の落下は六五五〇万年ほど前とされている。とはいえ、巨大隕石の襲来も、それほど高い確率ではない。

このように、宇宙で起こる何らかの爆発でも、地球が危険にさらされることがない判断は、これまでの宇宙で起こる爆発の研究で明らかになっている。むしろ、人間の地球文明が人間自身の問題で自然の危険期間（例：隕石衝突の数千万年）よりはるかに短期間で〝爆発〟するのが心配だ。

❺ガンマ線バーストに残る謎

今までガンマ線バーストに同定された光学天体は、すべて銀河系外の銀河で発生した超新星だった。しかし、ある程度続くガンマ線バーストでも、超新星かどうかよくわからないものもある。

一方、バーストの継続時間が大変短いものがある。これらは長く光るガンマ線バーストより頻度は少ないが、光の同定も少なく、その正体は今後の課題として残っている。少なくとも、通常の超新星ではなさそうである。

ガンマ線バーストは実にさまざまな振舞いをする。その放射はX線から超高エネルギーガンマ線にわたって放出されている。可視光帯域でも強い。発生源が同定されたものも今では多くあり、宇宙の果てに近い一〇〇億光年を超えるものもある。しかし、光で同定できない真相がつかめないものも多い。わからないものがある間はその分野の研究が継続される。新しい模索の段階から新発見があるかも知れない。次に続く本章(2)でガンマ線バーストを四種類に分けてその特徴を見てみよう。

(2) ガンマ線バーストの種類

❶クラシカルガンマ線バースト

強い放射が一〇〜三〇秒ほど続く爆発的な時間変動をする。エネルギーは数百キロ電子ボルト(k

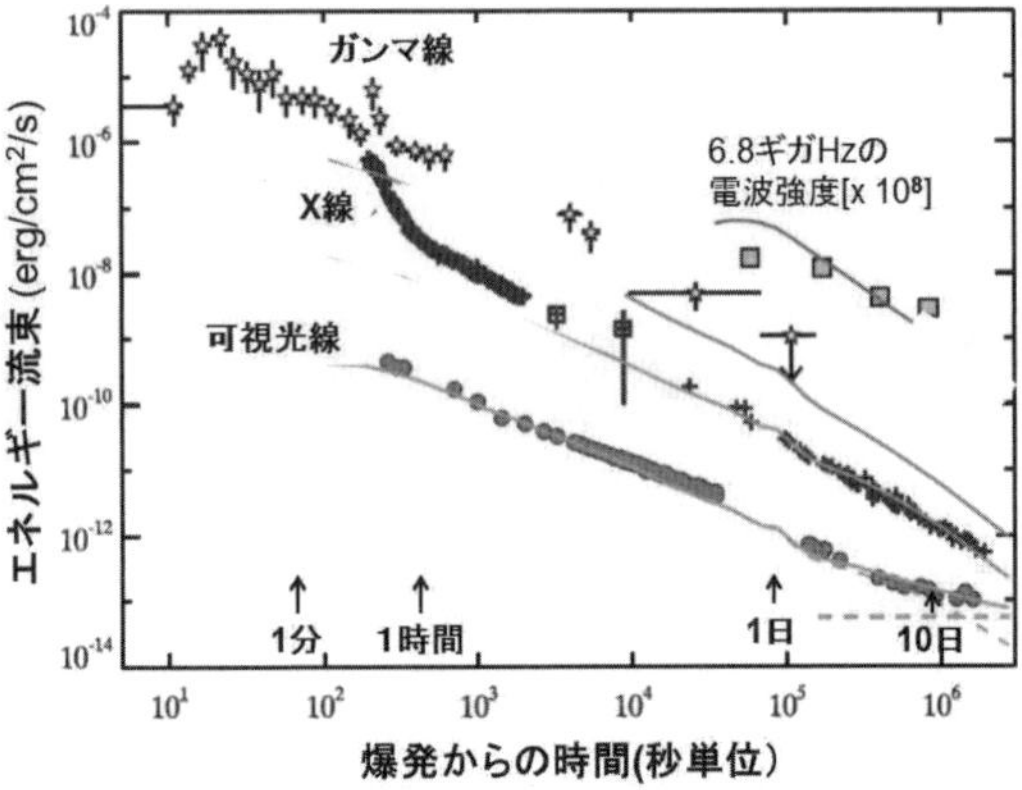

図 **8.4**　ガンマ線バーストの減衰曲線の例

ガンマ線バースト（GRB130427A）で観測されたガンマ線（0.1～100 ギガ電子ボルト）、X 線（0.3～10 キロ電子ボルト）、可視光の強度変化を示す。フェルミ衛星、スイフト衛星、マキシ、多くの光学望遠鏡のデータを集めたグラフ。これは、40 億光年先にある銀河で起きた超新星に伴ったガンマ線バーストのため残光を長く観測できた。ガンマ線バーストとしては比較的近く、したがって明るいものだった。そのおかげで 10 日以上も観測できたものだ。遅れて電波も検出された（A.Maselli et al. Science **343** (2014), 48 を編集）。

eV）にもっとも強度が高く、X線からガンマ線まで放出する。変動は秒からミリ秒の激しいものが見られ、その時間変動の様子は一定していない。このガンマ線バーストのいくつかは光学的に同定され、大きな超新星爆発（第七章（6））が多い。（遠方の）宇宙初期の銀河から比較的近い銀河までにわたり、特に重い星が極超新星爆発したときにジェット状にガンマ線バーストを放出したものと考えられている。ジェットがたまたま地球の方向に向いている必要がある。通常の超新星もガンマ線バーストを出すと思われるが、爆発の規模によるのだろう。

　なお、ここでいうバーストの持続時間が一〇～三〇秒とは、強いエネルギーを出す時間のことだ。高感度の検出器で観測すると、この種のガンマ線バーストでは、強度はどんどん落ちるものの、持続時間は一日以上ある。このことは比較的距離の近い、したがって見かけ上明るい、クラシカルガンマ線バーストの観測例からわかってきた。持続時間には個性があるものの、距離が近いと一〇日も続いて観測できた例もある。また、爆発初期の頃には、減光の最中、強度が再度、盛り返すものもある。

クラシカルガンマ線バーストは、すでに何千と検出され、通常の銀河で爆発した（極）超新星に同定されたものが多くある。しかし、発生後すばやく光で観測したにもかかわらず、それらしい超新星が見つからず、同定できなかったものもある。なかには、超新星が遠過ぎるため、光では暗くて見えない場合もあるようだ。

超新星の爆発が起こっても、ジェットが出て、それが地球に向いていないとガンマ線バーストは見えない。だから、ガンマ線バーストを見られる確率は小さいと思うかも知れない。しかし宇宙は広大で、一兆個の星をもつ銀河が、一兆個ほどもある。この膨大な数の星の中には、ガンマ線バーストを地球に向けて放出する超新星が頻繁に出てくるのも不思議ではない。実際、全天で一日一個、またはそれ以上の割合でガンマ線バーストが発生している。ただし、いつどこで起こるかはわからないため、全天を監視し、しかも一旦とらえたらできる限り詳細な情報がただちに得られるような特別な観測システムが必要となる。

❷ショートガンマ線バースト

ミリ秒とか、数十ミリ秒のようにスパイク状にガンマ線バーストが放出されるものがある。これらは持続時間わずか数秒で終わることが多く、一般に持続時間が長いクラシカルガンマ線バーストとは本質的に違うもののようだ。

ショートガンマ線バーストは、普通の銀河の端の方で光学天体に同定された例はあるが、それほど多くはない。また、通常の超新星が爆発した形跡は見られていない。このため、クラシカルガンマ線バーストとは別の起源ではないかと考えられている。たとえば、中性子星と中性子星の合体とか、中性子星とブラックホールの合体で発生するときに出るものと考える研究者が多い。

二つの中性子星が合体すると、どちらの中性子星も外側の部分からばらばらになって超新星の爆発と似て広い空間にガスが飛び散る。このとき、爆発で散った中性子は急速にさまざまな原子核が形成される。ここでできる原子核は通常の超新星爆発のときにできる原子核とは違いがあるという。観測例がまだ少ないため、この原子核のでき方は爆発の様子とともに、今、最先端の研究が展開されている興味ある分野だ。

このような合体メカニズムについて、ガンマ線バーストと同時に重力波がいかに出るかも研究されている。したがって、最近もり上がってきた重力波の発生源の有力な候補になっている。合体でできるブラックホール周りには降着円盤も形成され、ジェットが出てガンマ線バーストとなる。この合体の現場をX線やガンマ線に加え重力波観測装置でとらえることができれば、まさにブラックホールができる現場を押さえることになる。このブラックホールは大質量の星が超新星爆発でつくる場合と違って比較的軽いものだ。

ちなみに、重力波はアインシュタインが一〇〇年前に予言したもので、この書物の校正時に米国のグループがとらえたと発表した。日本を含めたいくつかの国が、この数年以内には重力波をとらえようと大きな重力波観測装置が試運転を開始した。日本では超新星からのニュートリノを初めてとらえた岐阜県の神岡町の地下に建設されている。重力波を発生する爆発は、超新星の爆発のほか、中性子星やブラックホールのような重い天体が合体で起こる〝時空のひずみ〟を起こすものである。とてつもない爆発のためX線やガンマ線も発生するため、マキシのような全天X線監視観測との同時観測が大変有効になる。重力波については第九章（7）でも述べる。

❸ソフトリッチガンマ線バーストと未同定天体

クラシカルガンマ線バーストに似ているが、放出するエネルギーが数十キロ電子ボルト以下のX線に偏っている。クラシカルガンマ線バーストと同様に超新星爆発時に出るガンマ線バーストと見られている。しかし、光学天体に同定されたものがきわめて少ないこともあり、放射機構が違うか、何かまったく違った起源かもわかっていない。クラシカルガンマ線バーストと同じものをジェットの広がった端の方を見ているためエネルギーが低いとの見方が有力である。しかし、非常にソフトなものもあり、異質のガンマ線バーストも混じっているかも知れない。

X線帯域の検出に強いマキシ、または将来の軟X線まで観測できる装置の活躍が期待されている。もし、X線の強いガンマ線バーストが異質であれば、その起源や発生メカニズムは大変興味ある。将来、新天体や、新天体現象の夢が広がる。

異質なソフトなバーストの兆候がないわけではない。マキシで見つかるがハードX線で監視しているスイフト衛星では見つからないものが年いくつかある。マキシで見つけてその方向をスイフト衛星の高精能のX線望遠鏡で数時間後に見ても見つからなかった例もある。宇宙は未知なる興味ある天体を、いまだに、隠しもっているようだ。その天体の一つは、わが銀河系でも何千万個もあると考えられる単独のブラックホールとの関係があるかも知れない。例えば、「単独でふだんは見えないブラックホールに彗星や隕石のような小天体が衝突したらどうなるだろう」と夢を膨らませるところに天文学のおもしろさがある。

❹ソフトガンマ線リピーター

ガンマ線バーストは、通常、一度きりの現象だ。実際、超新星爆発であれば、あるいは中性子星の合体による爆発（本章（2）❷）であっても、同じ星は二度と爆発しない。ところが、明らかに同じ天体がくりかえしガンマ線バーストを発生しているものが見つかった。同様なものは二〇個ほどしかないが、通常のガンマ線バーストと明らかに違うこともわかった。そのエネルギー・スペクトルは、X線からガンマ線まで延びているが、多くはX線の方に偏っている。すなわち、ガンマ線バーストとしてはソフト（軟らかい）なため、これらを総称して、ソフトガンマ線リピーターと呼ばれる。リピーターというのは同じソースから起こるだけでなく、活動すると機関銃のように時間幅の狭いバーストが放出されることから名付けられた。

ソフトガンマ線リピーターは、わが銀河系やマゼラン星雲の中の超新星残骸に同定されたものもある。これらをよく調べると、数秒の周期のパルサーをしていて、パルサー周期の変動率から大変磁場が強いということがわかってきた。つまり、地球磁場の一〇〇兆～一〇〇〇兆倍もあるわけだ。これまで見つかっているものはすべて単独での中性子星で連星系ではない。これらの状況から、どうやら若い特殊な中性子星と考えられる。そして、単独のX線パルサーの中に周期が数秒ながら磁場が強いものが数例あり、異常X線パルサーとして別扱いをしていたX線観測で見つかったパルサーがある。

こうして、ソフトX線リピーターは異常X線パルサーと分類され、通常のガンマ線バーストとは別種の天体として研究が広がっている。大変強い磁場をもっていることから、（磁石を意味する英語のマグネットから）マグネターとも呼ばれる。ただ、活動期間が気まぐれであること、静穏時は五〇〇万度ほどのソフトな弱いX線が出ているが、活動し出すときわめてハードなX線がパルス周期を示して放出される。単独の中性子星のためエネルギー発生の起源や放射のメカニズムは今も謎に包まれている。

実は、ソフトガンマ線リピーター（マグネター）が強力な放射をすることは二〇〇四年に発見さ

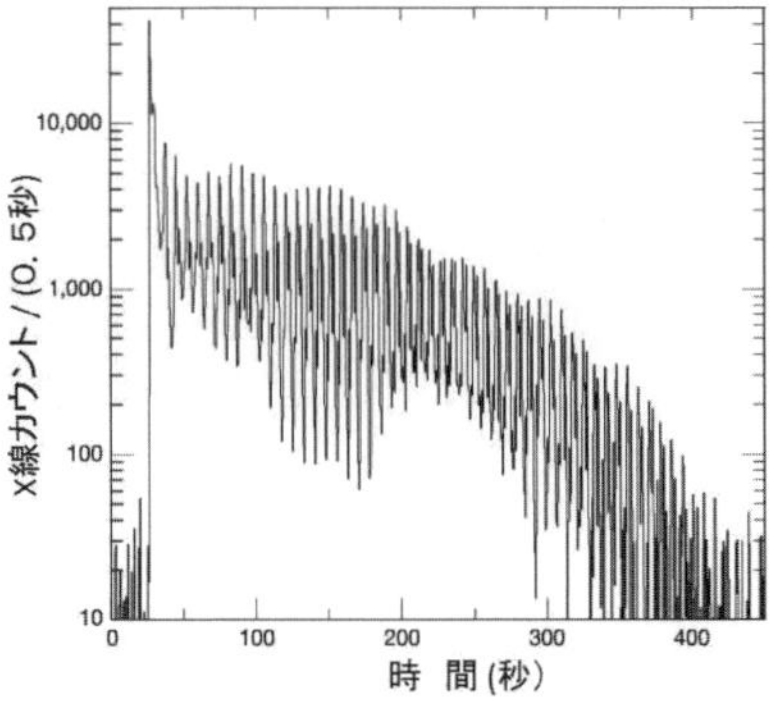

図 8.5　ソフトガンマ線リピーターの例（SGR1806-20）
欧州宇宙機構の衛星（INTEGRAL）が見つけいくつかの衛星が観測した。図は米国の高エネルギー太陽観測衛星（RHESSI）の硬X線（20〜100キロ電子ボルト）の見事なX線の強度曲線である。7.5秒周期の中性子星の自転周期が見られる。1秒より短い短時間のスパイク状の変化も見られた。この天体は4500光年ほどの距離にありながら、スパイクのピークのエネルギーは、太陽を含めこれまでに検出されたどの天体よりも強いものであった。しかも、太陽が1万年かかって放出するエネルギーを、わずか5分ほどで放出したことになる（K.Hurley et al. Nature (2005), **434**, p.28による）。

れたSGR1806-20で驚かされた。SGR1806-20の距離は四万五〇〇光年ほどにもかかわらず、観測された硬X線強度はスパイク状のピーク値では、太陽のフレアで出るX線をしのぐほどだった。しかも、太陽が一万年間かけて出すエネルギーをわずか五分足らずの爆発的X線放射で出したのである。このようなマグネター（ソフトガンマ線リピーター）の振舞いは、最近の天体のうちでももっとも解決の困難な問題の一つとなっている。

マグネターはまだ二〇個余りしか観測されていないが、ガンマ線バースト仲間からはずれた中性子星で、生まれて一〇万年程度とされている。超新星の残骸の中にあるのもあり年齢はもっと若い可能性はある。しかし、第五章で述べた中性子星とは質的に違った振舞いをするため、超新星の爆発で誕生するメカニズムまでさかのぼった問題となっている。まれにしか爆発しないため観測も十分にはできず、解決にはまだ時間を要するだろう。しかし、この解決は超新星の爆発から中性子星が生まれるシナリオや、X線パルサーや電波パルサーの進化の謎にも波及するであろう。そして何よりも物質の限界まで強い磁場をもった中性子星から、磁場とエネルギー変換という未知なる物理法則の本質が見え隠れしているようだ。

(3) ガンマ線バーストはどのように発生するのか？

ガンマ線バーストの起源については、その天体が光で同定される前までは(一九九七年)、諸説あってまったく混乱していた(本章(1))。今でも、ガンマ線バーストはいくつかの種類があってすべてが解決されたわけではない(本章(2))。多くのガンマ線バーストが超新星に同定されている。しかし超新星の気配が見つからないものも多いようだ。また、光学対応天体が見つかったものでも、光度が桁違いに低いと解釈されるガンマ線バーストもある。ガンマ線バーストは多様性があり全体からすると、まったく異質なものが混じっている可能性は残る。ここでは、たくさん観測例のあるクラシカルガンマ線バーストの発生のメカニズムを中心に、筆者の推定も若干含めて、次のように統一的に考えてみる。

太陽質量の約二〇倍以上の巨大な星が超新星爆発する状況を考える。超新星爆発は第五章（1）❷に解説したように、星が急激に収縮する爆縮による。爆縮の過程で、元の星が重いため、中性子星ではなく、最後にブラックホールができる。そのとき、星の外側が、反動で外に向かって爆発することになる。ただし、この外に向かって爆発する力は膨大でも、重い星の場合、すべてが爆発で華々しく遠くに飛び散ってしまうとは限らない。

ブラックホールが中心にできた段階で、外に飛び散ったガスの一部か多くが、再びブラックホールに落ちこむ。このときガスは、ブラックホールに向かって猛烈に回転して落ちこむだろう。回転しながら落ちるガスはブラックホール周りに降着円盤もつくるだろう。このため、回転しているガスは簡単にはブラックホールには吸いこまれず、ジェットとして再度放出されることが考えられる。このジェットをまともにジェットの噴出方向から見ていれば、ガンマ線バーストとして観測されるわけである。このジェットが、先に飛び散ったガスを突き抜けることでガンマ線バーストとなる。

ガンマ線バーストの発光を説明する仮説として、超新星の関与が見つかる前から、〝火の玉〟モデルが提案されていた。光に近い速度のガス球が観測者に向かってやってくるというもので、英国のリース（M.Rees）が提唱した。ガンマ線バーストが超新星に同定されたことで、この火の玉は超新星の爆発のときに放出されるジェットだったと考えればよいことになった。火の玉説は、物理の直感が先行し、具体的な発生メカニズムはあとでわかった興味ある例であった。

この光の速度に近いジェットとは、ブラックホールの周りに再度落ちこもうとしたガスが絞られたジェットだと考えればよさそうだ。また、飛び出したガスの分布により、何度もブラックホールに落ちこみ複雑な時間変動を示すガンマ線バーストもできそうだ。また、ガンマ線バーストの放出エネルギーにいろいろな違いもあることも説明できるだろう。マキシは、X線帯域に偏った軟らかいガンマ線バーストを検出しているが、これらもブラックホールの規模の小さいものだとすれば説明が可能かも知れない。あるいは、超新星の結果、（ブラックホールでなく）中性子星にしかならないものがジェットを放出すれば、エネルギーが低いものしか出ないと考えるのは自然だ。しかも、生まれる中性子星は磁場がきわめて大きいものと、きわめて小さいものがある。ガンマ線バーストするのは果たしてどちらだろうか。

ここで述べたクラシカルガンマ線バーストのメカニズムは、まだすべてが統一的に確立したものではない。ただ、爆発の規模、飛び出したガスの振舞いはいろいろ複雑な形態があるため、ガンマ線バーストのいろいろな形態とも合うかも知れない。理論にまだまだ不確定性が大きいところを、筆者の推測で補ったところも少なくない。だから、この描像は、今後の研究の発展によっては、大幅な改良がなされることがあっても不思議ではない。

ガンマ線バーストがおもしろいのは、一般に、天体（ガンマ線バーストの場合は特にジェット）を見る方向によって見方が全然異なってくることを示したことだった。宇宙には、太陽のフレアの小規模なものから活動銀河の巨大ブラックホールの超巨大なものまで、さまざまなジェットがある。それを三六〇度のいろいろな角度から見るため、同じジェットでも見かけの放射強度も、エネルギースペクトルも違って見えることになる。ジェットを正面から観測すると、巨大なエネルギーに見えて、なかでも規模が大きいものはガンマ線バーストとして見えるわけだ。ちなみに、次章で述べるとかげ座ＢＬ型天体もそういう意味ではよく似ている。

絞られたジェットが来る方向をまともに見える天体がこれほど多いことは、三〇年ほど前までは、一般には信じにくいことであった。起こる確率が少なくても、宇宙はそれ以上に巨大なため、退屈しない例数を観測できるということだ。

(4) ガンマ線バーストが宇宙観測に与えた影響

ガンマ線バーストの発見は、単純な検出器ながら二つの衛星で広視野に爆発現象を監視していたおかげで達成できたものであった。多くの発見に似て、ガンマ線バースト探査を目的とした装置でなく、思いがけない発見だった。しかし、その後、ガンマ線バーストの正体が明らかになるのには、ほぼ三〇年を要した。ごく短時間しか輝かないことが障壁となって、ガンマ線以外の波長帯域で発生源を同定するのが困難だったのが最大の原因だ。天文学の老舗の光学望遠鏡で同定されればその天体の真相がわかってくるものだ。

その困難を克服する手段として、ガンマ線バーストをとらえるやいなやできるだけ早く多波長、特に光で追観測するシステムが開発された。本章（１）❸で触れた、二〇〇〇年打ち上げのヘティ衛星（ＨＥＴＥ）と二〇〇四年のスイフト衛星（Ｓｗｉｆｔ）だ。ヘティ衛星と同じ思想で設計されたものに、二〇〇九年の全天Ｘ線監視装置マキシ（ＭＡＸＩ）と二〇一〇年のガンマ線専用衛星フェルミ衛星（Ｆｅｒｍｉ）がある。以来、これらの衛星は、ガンマ線バーストだけでなく、一秒を争う天体現象の解明に多大な貢献をし、宇宙物理学を飛躍的に進歩させた。

結果的に、ガンマ線バースト研究のいわば副産物として、二一世紀に入る頃を境に、天文観測は新しい段階に入ったといえる。爆発天体や急に明るくなった天体が発見されると、その情報をできるだけ早く世界の天文台に知らせ、詳しくその天体を追観測するという忙しい研究である。爆発天体や変動する状況の予報はできないため、視野の広い観測器でできるだけ広い空を監視し、一旦、爆発天体や変動する天体をとらえたら、自分でその方向を決め、視野が狭いが高性能の大望遠鏡に知らせる能力が必要となる。こうして、短時間に変動している間に光やＸ線や電波の視野の狭い望遠鏡で多波長観測をすることで、これまでに得られなかった天文現象の研究分野が拓かれたのだった。

〝爆発を好む宇宙〟はまだ発展していくであろう。

(5) 高速電波バーストの謎

これまで、本書ではＸ線（またはガンマ線）で観測された爆発現象について述べてきた。宇宙で短時間だけ爆発する現象の主要なものは、普通、X線でも観測できる。だから、X線観測から見た爆発に注目することで、宇宙の爆発はおよそカバーできる。しかし、宇宙はとてつもなく広くて深いものだ。そのため、遠くで起こった爆発現象に宝物があっても、現在の技術では見過ごされているものが残っているかも知れない。

高速電波バーストという奇妙な爆発現象が電波望遠鏡で見つかっている。バーストに対応したX線やガンマ線でのバーストは見つかっていない。これら高速電波バーストは宇宙の果てから来た可能性があり、将来その研究が大きく発展する可能性もある。ここで簡単に紹介しておこう。

高速電波バーストは、一・四ギガヘルツ（GHz）の電波の周波数帯域で発見されたもので、一〇ミリ秒足らずしか続かないバーストだ。同じ方向からくりかえし放射されたこともなく、これまでいくつか、いろいろな方向で観測されている。ただし、このバーストは突発現象で、短時間しか続かないため、視野の狭い電波望遠鏡ではそれほど多くの観測例がない。視野が狭いにもかかわらず、いくつか検出できていることから、全天では大変多くの同種の高速電波バースト、実に一日約一万個の高速電波バースト、があると見積もられている。検出された強度はそれほど強いものではないため、これまで雑音として埋もれていたのだろう。実は観測が進むにつれ発生頻度は少なくなっているが、相当数あることは間違いないようだ。

高速電波バーストは二〇〇七年に発見され、詳細な解析の結果、その起源は大変遠くの天体であることがわかってきた。おそらく約一〇〇億光年離れた天体から放射されていると見積もられてい

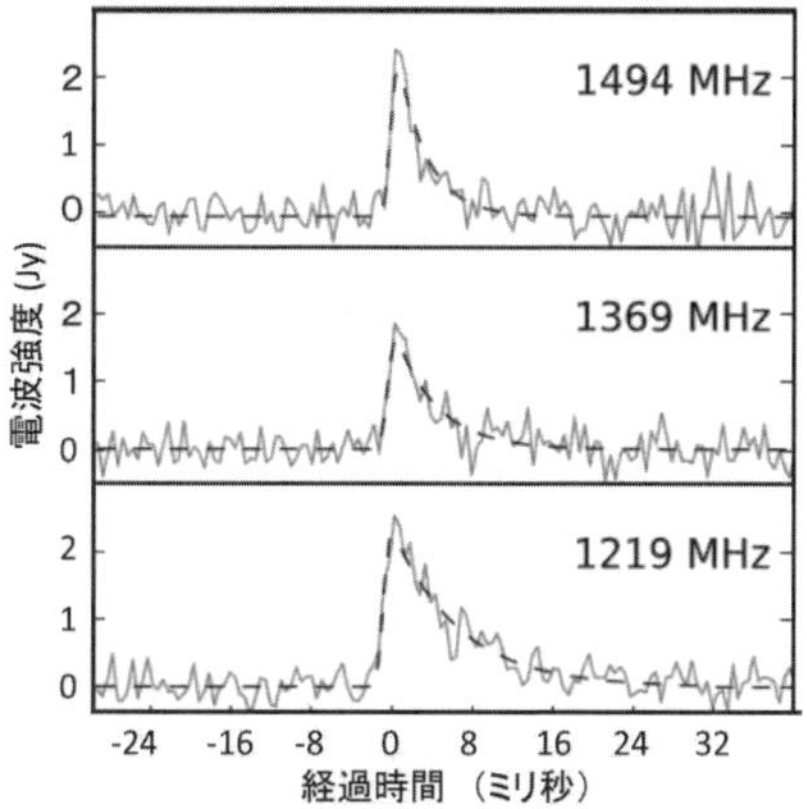

図 **8.6**　高速電波バーストの観測例

1.4 ギガヘルツ (GHz) 帯の電波で観測された三つの周波数での電波強度を示す。電波バーストは10ミリ秒ほどしか続かない (D.Thornton et al. Science **341** (2013), 53)。

る。そのため、観測された電波強度が弱くても発生源のエネルギー放射は膨大なものになる。数ミリ秒の持続時間であるが、超新星の爆発時に出る光の光度に相当するエネルギーが電波で出ているほどになる。数ミリ秒しか続かないことから中性子星が合体して出すガンマ線バーストに似て、これが電波で発生しているのかも知れない。

これは筆者の推測であるが、この中性子星の合体でジェットが出て、そのジェットが地球の方向に向いたものが本章（2）❷で述べたショートガンマ線バーストかも知れない。こう考えると高速電波バーストの頻度と、ショートガンマ線バーストの頻度はつじつまが合うかも知れない。

一般に、電波バーストが出る天体または天体現象では、電波帯域と同じ程度かそれ以上のエネルギーのX線が出ることがある。そこで、電波と同程度のエネルギーのX線が高速電波バーストで出ていると仮定してX線の強度を計算してみると、そのX線観測強度はかに星雲の一〇〇万分の一程度になる。この強度は、視野の狭い今ある大型のX線望遠鏡でも観測限界以下である。しかも、どこで起こるかわからないX線バーストの検出のためには、視野の広い全天X線監視装置が必要になる。ところが、マキシの一万倍を超える感度が必要になる。よほど斬新な方法を考えないと、当面、高速電波バーストに対応するX線バーストの検出は無理だ。ただし、この天体が予想以上に強いX線バーストを出していれば、将来感度を上げた全天X線監視装置で偶然に検出されるかも知れない。あるいは、もし高速電波バーストが中性子星同士の合体で起こる現象ならば、これが近くで起これればマキシでも観測ができる。数億光年より近い銀河で起こることが条件だ。

本書の校正時に二〇一五年四月一八日に発生した高速電波バーストの母銀河と考えられる約五〇億光年の距離の銀河が、すばる望遠鏡で検出されたとの報告があった（Keane,E.F., et al., Nature, **530** (2016), 453)。今後の発展を期待したい。

1　コンプトンガンマ線観測衛星は一九九一～二〇〇〇年に活躍したＮＡＳＡが打ち上げたガンマ線観測衛星。高エネルギーガンマ線源を観測する本格的ガンマ線望遠鏡衛星であったが、ガンマ線バーストを検出できる視野の広い装置も搭載された。この後継機は、フェルミ（Ｆｅｒｍｉ）ガンマ線観測衛星である。

第九章　巨大ブラックホールをもつ活動銀河からの爆発

宇宙に巨大ブラックホールが存在する可能性は、一九七〇年代から現実味をもって提案され、今日では当然のものとして受け容れられている。わが銀河系の場合、その中心に、およそ四〇〇万倍の太陽質量をもつ巨大ブラックホールが鎮座ましましていることがわかっている。同様に、近い銀河では、銀河中心を回る雲や星の運動を精密に観測することで中心核の質量が推定でき、巨大ブラックホールが存在することがわかってきた。今ではその類推で、多くの渦を巻いた銀河の中心には、巨大ブラックホールがあると考えられている。とはいえ、多くの活動性の低い銀河については、それは推測の域を出ないのも事実だ。

一方、活動性の高い銀河の中心には、太陽質量の数百万〜数億倍の巨大なブラックホールがあるとされている。ブラックホールなしでは、それら活動銀河の激しいエネルギーの源泉が説明できないからだ。

本章では、巨大なブラックホールが活躍して爆発する宇宙の姿を探ってみる。

（1）活動銀河と巨大ブラックホール

いろいろな銀河が、私たちの銀河系内の星の数と同様、約一兆個ほど、宇宙の果てまで続いている。そのうち、数百万倍の太陽質量を超える巨大ブラックホールをもつ銀河は、活発に活動する傾向がある。なかでも特に活発なものを活動銀河と呼んでいる。活動の源が中心核にあるため、別名、〝活動銀河核〟とも呼ばれている。

活動銀河では、特に中心核が電波と光で強いものを分類してそれぞれ、クエーサーとセイファート銀河と呼んでいる。これらは系統的な電波と光による観測から分類された歴史をもつ。どちらも、光では中心がギラギラ輝いて激しく変動している。多くはX線もガンマ線も放出している。クエーサーの方がより活動性が強く、高エネルギーのジェットを出すものが多く見られる。電波で撮像すると、巨大なジェットが宇宙空間にたなびくように見える。

ジェットが私たちの方向に向かっている活動銀河核はほとんど点状の恒星のように見え、これらを〝とかげ座ＢＬ型天体〟または〝とかげ座ＢＬ型活動銀河核〟と呼んでいる。その名前の由来のとかげ座ＢＬは、発見当時は一五等星ほどの変光星と思われていたのが、五〇年ほど前に、星ではなく活動銀河核と見なされるようになった歴史をもっている。このことがわかってから、この仲間の活動銀河核が次々と見つかって、一つのグループを担っている。

巨大ブラックホールは銀河の中心にあるため、周りのガスや星が落ちこんで活動性を発揮している。落ちこむガスの量は一定ではなく、激しく変動しているため、時には爆発的にX線やガンマ線で輝くときがある。星が落ちこめば、星は回転しながら強力な重力で歪み引きちぎられつつも、いくつかの塊やガスになる。

これらは、ブラックホールの周りで回転して高温になってX線や紫外線を出す。また、星程度の質量のブラックホール（第六章）と同様、ガスがジェットとして光速に近い速度で噴き出ることもある。吹き出すジェットの中で高温ガスや高エネルギー粒子が生成され、X線だけでなく、高エネルギー宇宙線もガンマ線も爆発的に放出される。実際、これが超高エネルギー宇宙線の有力な起源と考えられている。

活動銀河核の中心核のジェットについてはまだわからないことが多い。ところが、活動銀河核から放射される光や電波、それにX線やガンマ線は、どれも不規則で、いつ強い爆発が起こるか予測できない。したがって、明るくなった瞬間をとらえるにはやはり広い視野をもった監視観測装置が有効な手段になる。マキシでもクエーサー、とかげ座BL型活動銀河核、セイファート銀河の長期にわたる変動を追っている。これらの天体は遠方にあるため、必然的に観測されるX線強度も弱くなり、長期的な変動や爆発の性質はまだ十分に探索されていない。以下では、巨大ブラックホールの爆発の実際の様子を紹介する。

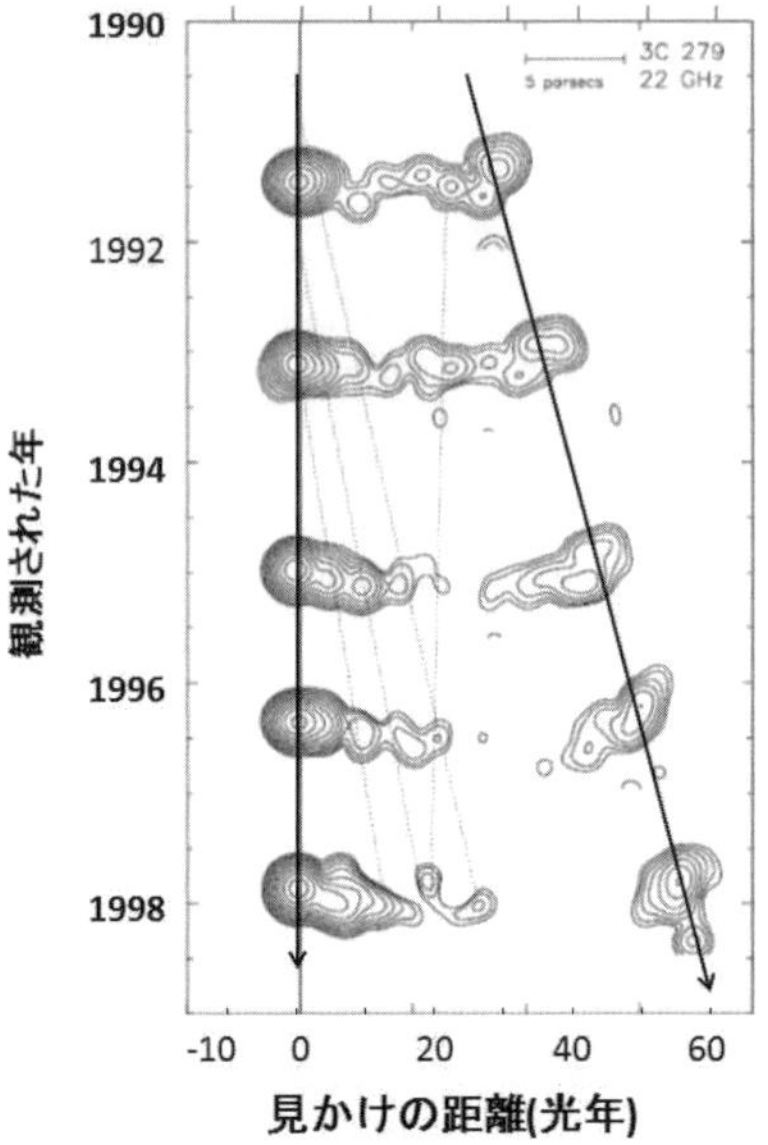

図 **9.1**　超光速ジェットの様子

図は活動銀河（クエーサー 3C279）から出た電波ジェットが、見かけ上、光速よりも速く噴出している様子を示すデータである（B.Glenn Piner et al. ApJ. **588** (2003), 716）。1992〜1998 年の 2 つの電波源の離れる速度は見かけ上光速を超える。実際は光速を超えていない。その理由は、第六章（5）❶の囲み記事（超光速現象）で解説されている。**図 6.6** にはブラックホールと恒星の連星で得られた超高速ジェットの観測例が示してある。本章（3）に解説。

(2) ジェットを出す活動銀河核――マルカリアン421

とかげ座BL型活動銀河の一例として、マキシは二〇一〇年二月一六日に、マルカリアン421という活動銀河がX線で爆発的に明るくなったのをとらえた。このとき、ほぼ六日ごとに三〜四回、通常の強度の一〇〇倍ものフレアをする様子が見られた。マキシがとらえたX線はかに星雲の六分の一程度の強度であったが、距離が約四億光年もあるため、マルカリアン421からは、かに星雲のX線放射のほぼ八億倍ものエネルギーが放射されている計算になる。ただし、この計算においては、とかげ座BL型活動銀河のジェットがわれわれに直接向かって放射しているという事実を考慮した補正をしていない。実際はジェットが細いビーム状になっているとすると、全エネルギーははるかに小さくなる。とはいえ、一度角の細いビームと仮定しても、かに星雲の一万倍ものエネルギーを出していることになる。

ここで述べたマルカリアン421は、とかげ座BL型天体の中でもとりわけ電波、X線、ガンマ線放射が強いことで知られている。光速度に近いジェットが、照準を合わせて私たちに向かっているものだ。宇宙ジェットの発生の謎を調べる格好の天体だ。

マキシは当時、このマルカリアン421の急激なX線の増光を速報した。それを受けて、スイフト衛星とフェルミ衛星のX線・ガンマ線の追観測に加え、地上から光、電波、超高エネルギーガンマ線などでも観測された。その結果、電波から一〇兆電子ボルトの広いエネルギー(波長)範囲に

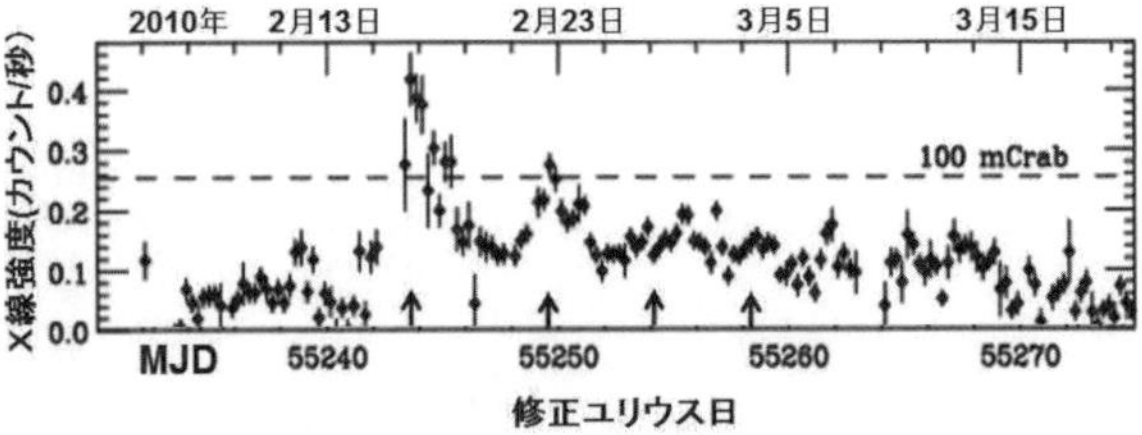

図 9.2　マルカリアン 421 の X 線強度曲線

マルカリアン 421 は、ジェットが地球に向かっているとかげ座 BL 型活動銀河である。矢印をたどると 5〜6 日ごとの強度の準周期的変動も見える（磯部ほかマキシチーム提供）。

わたって爆発的な放射が確認できた。それらを総合することで、ジェット中の粒子の加速の様子や磁場の強さなどが推定できた。

さらに、ジェットで出たX線の変動を調べると、五〜六日の準周期性が見られた。この準周期性は、巨大ブラックホールの周りを回転するガスがジェットとして放出されたとも解釈できる。マルカリアン４２１が太陽質量のほぼ一〇〇〇万倍の巨大ブラックホールをもっていれば、ブラックホールの大きさ（第六章（１）❷で解説したシュヴァルツシルト半径）は、太陽系でいえば水星の軌道の七割に迫る大きさになる。

つまり、太陽よりもはるかに大きい巨大ブラックホールだ。このブラックホールに落ちこもうとしているガスや星のかけらは、最内安定軌道（第六章（４）❷の囲み記事参照）の外側を猛スピードで回っているだろう。それが巨大ブラックホールに落ちこむか、方向転換してジェットになって飛び出していると考えられる。

一旦ガスや星のかけらがブラックホールに吸いこまれれば、もはやどんな放射もしない。一方、ジェットとして飛び出したガスは強いX線放射が出る。このガスは回転の記憶をもっているため、五~六日の準周期性を見せたと考えられる。参考までに、太陽系の端をほぼ光速で回れば数日はかかる。ガスの量は太陽一個分程度にもなる。

ここでは、活動銀河の巨大ブラックホールからX線が放射される様子を、太陽系規模のスケールを例に解説した。このスケールは活動性の大小はあるものの活動銀河に共通するものだ。活動銀河ではものすごい状況になっているといえる。

(3) クエーサーからの巨大ジェットは光速を超えるか?

3C273は電波カタログの二七三番目の活動銀河核である。この天体は、巨大ブラックホールをもつ活動銀河として初めて認められたものだ。ほぼ五〇年も前に、強い電波源が、ちょうど星のように点状の光の天体に同定された。そのため準星を意味するクエーサーと名付けられた。この天体は、電波だけでなく、光でもX線でもしばしば観測されている。この天体から出る電波を長期にわたって観測していたところ、ジェットとして飛び出した電波のスポットが見かけ上、光速を超えて離れていく超光速現象(第六章(5)❶の囲み記事)が見つかった歴史をもつ。超光速ジェットの原典である。

さて、地球に降りそそぐ宇宙線の中には、陽子一個で五カロリーほどのエネルギーをもつ超高エネルギー粒子が検出されているものがある。それら超高エネルギー宇宙線は、きっと何らかの爆発によって加速されたに違いないが、具体的な発生源はよくわかっていない。3C273以来、存在がはっきりした超高速ジェットはその最有力候補の一つだ。

関連して、超高エネルギー宇宙線にどこまでエネルギーが大きいものがあるか、つまり、粒子はこの宇宙でどこまで加速され得るのかは、宇宙を理解するためにきわめて興味深い課題の一つである。理論的にそのメカニズムにはわからないことが多く、観測的にも今後はっきりさせる必要性がある。将来まだまだ発展の余地がある分野だ。

(4) 巨大ブラックホールに星が落ちこむ瞬間をとらえる

普通の活動銀河核は、銀河内のガスや星を絶えず巨大ブラックホールに吸いこんでいるとされている。これはいつもほぼ連続的に起こっているため、変動はあるものの絶えずX線やガンマ線で光っている次第だ。ではもし、わが銀河系のように普段あまり大量にガスを吸いこんでいない巨大ブラックホールに一個の星が落ちこむと、どうなるだろうか。こんな現象が遠く離れた銀河で起こったのが観測された。

マキシは二〇一一年三月二八日、りゅう座にガンマ線バーストに似たバーストをとらえた。NASAのスイフト衛星も一瞬早くとらえ、この天体をSw・ift J164444+57と名付けた。発見当初はガンマ線バーストとみなされた。ところが、この天体は爆発してから数カ月の間弱いながらも輝き続けた。だから、ガンマ線バーストではあり得ない。また、その方角には通常の銀河があるだけで超新星の爆発の気配はなかった。

Ｓｗｉｆｔ Ｊ１６４４＋５７にあたるその銀河は、それまでの観測歴史上、Ｘ線でも電波でも目立った活動はしていなかった。ところが、前述のガンマ線バーストもどきの爆発が発生したのだ。世界の研究者は色めき立ち、その後、この銀河は、Ｘ線やガンマ線だけでなく、電波や光・赤外線でも精力的に観測された。結果的に、Ｘ線を含めた多波長の強度変化の様子の詳細解析から、この銀河中心にある太陽質量の数百万倍の巨大ブラックホールに、太陽ほどの一個の星が落ちこんだものと解釈された。

星が巨大ブラックホールに落ちこむときには、回転しながら強い重力を受ける。このため、潮汐力[注1]で破壊されながら落ちこむ瞬間をとらえたことがわかったものである。落ちこんだときの星のかけらの一部がジェットとなって、われわれに向かってＸ線やガンマ線を放射していると解釈された。そのジェットがたまたま私たちの方向を向いていたため、とりわけ強い放射が観測されたものだ。

ジェットがわれわれに向かっている条件が整うのは大変偶然なことだ。しかし、宇宙は広く大変多くの天体があるため、活動銀河核から出るジェットがたまたまわれわれに向いている活動銀河核はたくさん見つかっている。それが先に述べたとかげ座ＢＬ型活動銀河核である。とかげ座ＢＬ型活動銀河核の場合、変動は少なくないものの、絶えずジェットが放出されている。それに対してこ

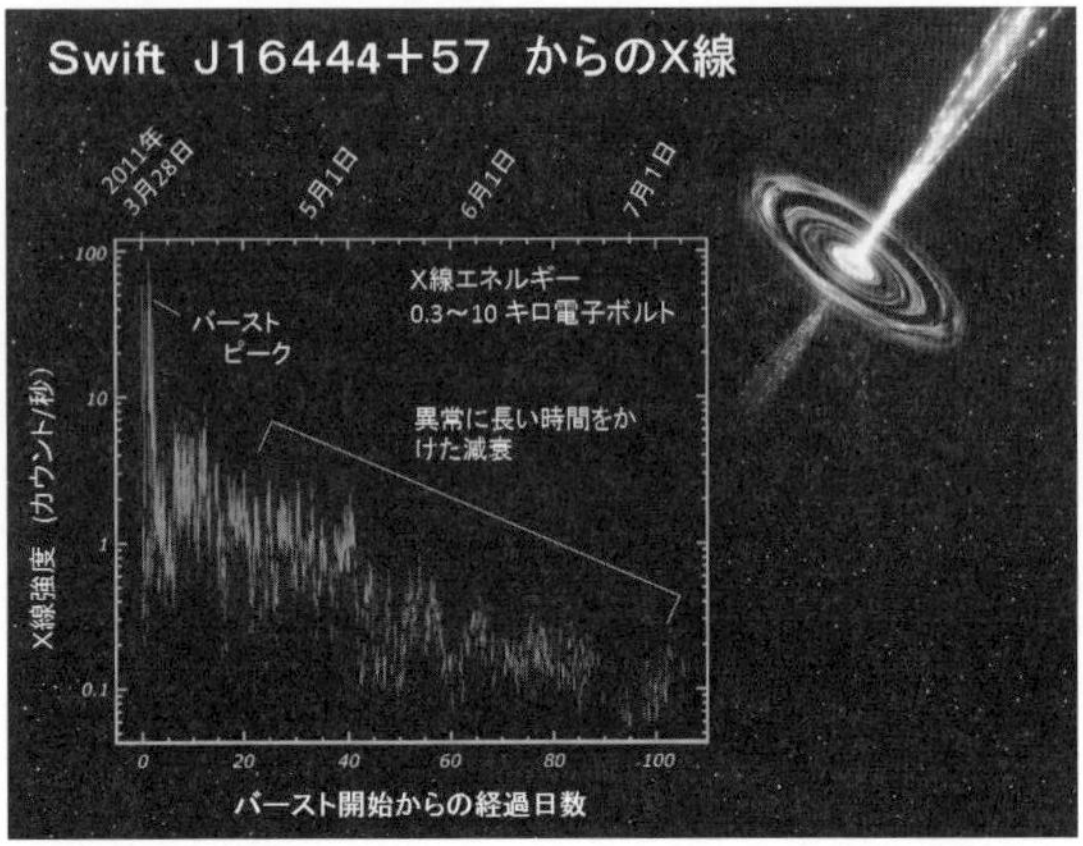

図 9.3　Swift J16444+57 からのバーストの X 線の強度変化

ガンマ線バーストとしてはあり得ない時間、継続した。また、バーストの強度の減衰の様子も、通常のガンマ線バーストとは違って、潮汐現象で理論的に予想されているものにしたがっていた。こうして、このガンマ線およびX 線は、通常の銀河の中心にある巨大ブラックホールに太陽のような星が吸いこまれたときに放射されたもの、と結論付けられた。右上図のようにジェットが出たと考えられている（Swift/MAXI チーム提供）。

のSwift J16444+57の場合は一回きりの吸いこみの現場を見たものだった。

これまでも、恒星が巨大ブラックホールによって潮汐破壊[注1]されて吸いこまれていると解釈された現象が観測されたことはある。X線の変動を長期にわたって調べることで、潮汐破壊が起こったかどうかを知ることができる。星や木星ほどの天体が巨大ブラックホールに落ちこみ、ジェットがわれわれの方向を向く、という条件がそろったときに、X線が強く出る。また、弱いながらX線強度を長期に追うことで、近くの銀河で星が潮汐破壊で落ちこんだときに、それを検出することができる。ただし、ガスの連続的な落ちこみと区別する必要はある。その区別は必ずしも容易ではないが、それでも、静かな銀河の巨大ブラックホールに星が落ちこんだときに潮汐破壊を起こす現象は、一〜二年に一回ほど観測されるようである。この現象をとらえれば、つねにガスや星が落ちこんでいる活動銀河の場合と違って、一つの星が巨大ブラックホールに落ちこむメカニズムを調べるための格好のデータが得られる。

実は、巨大ブラックホールに星が落ちこんだとき、どのように潮汐破壊が起こり、X線が出るかは理論的に計算がされている。最初に一瞬強く輝き、急速に減光しだらだらと輝く結果が得られている。この減光の様子が通常のガンマ線バーストと違うのである。Ｓｗｉｆｔ Ｊ１６４４＋６７（**図9・3**）のように、一瞬の輝きから減光していく様子がきれいにデータに収められた。これが、理論的に予想されていたものに一致したものだ。

(5) 巨大ブラックホール同士が衝突するとき

巨大ブラックホールをもつ活動銀河核はどうしてできたかについて確立した説はない。大昔の銀河は、初めから巨大ブラックホールが生まれやすかったという説もある。一方、通常の銀河が二体、衝突するほど近寄っている例はいくつか見つかっている。また、大きな銀河を詳細に観測することで、二つの銀河が衝突して生まれたと結論付けられたものもある。わが銀河系も、お隣のアンドロメダ銀河と四〇億年ほどで衝突し合体するとの計算もある。活動銀河核の生まれ方の可能性の一つ

図 9.4　二つの銀河（NGC2207）が衝突しつつある画像

宇宙ではこのような衝突する銀河がたくさん観測されている（NASA ハッブル宇宙観測所提供）。

として、複数の銀河が衝突し、新しくさらに大きな巨大ブラックホールをもつ銀河になる、という過程も考えられる。

ところで、二つの銀河が衝突するときはさぞ大爆発が見られるかと想像することだろう。意外や、人の感覚では、ゆっくりした変動がまず、星間空間で起こる。最後は中心核が合体して大きな重力波が出ると考えられる。巨大すぎて動きがゆっくりになるだろう。むしろ、星同士の衝突や、星程度の質量のブラックホール同士の衝突の方が、ずっと短時間の激しい爆発現象が見られる。

とはいえ、宇宙では何が起こるかわからない。私たちが観測できるような爆発が、また意外なところで今後も発見されるかも知れない。

(6) 活動銀河核の放射が集まると？——宇宙Ｘ線背景放射の謎解き

この広くて奥深い宇宙には何十億～何百億個の活動銀河があると推定されている。ほとんどは遠くにあるため、Ｘ線強度はきわめて弱い。しかし、もしそばまで近付けば、中心の巨大ブラックホール付近から強力なＸ線やガンマ線を出しているし、一つ一つは激しく変動もしている。このようにひしめき合ったＸ線源は、一つ一つのＸ線源に分解できないと、第四章で述べたＸ線の天の川に似て、雲のように見える。実は、Ｘ線天文学がはじまって三〇年間ほど、宇宙には一様にＸ線を出す雲があるのではないかと見られていた。宇宙Ｘ線背景放射と呼ばれ、全天に一様に輝くＸ線のことだ。

ジャコーニらが初めての宇宙Ｘ線源のさそり座Ｘ－１を発見したとき（第五章（１）❶）、宇宙Ｘ線背景放射も同時に発見された。それ以来、宇宙Ｘ線背景放射は長年観測され、その一様性や、Ｘ線スペクトルが観測されてきた。スペクトルは、五億度もの高温ガスからのＸ線放射に似た形をしている。このため、宇宙全体の空間に非常に熱いガスがあるとの説も出た。しかし、現在は主として活動銀河核など、個々のＸ線源の寄せ集めで説明されることがほぼ観測的に認められている。

活動銀河核の寄せ集めが主な宇宙Ｘ線背景放射の起源ならば、個々の活動銀河のＸ線スペクトルが五億度の高温ガスに近いことが期待される。しかし、観測が進むにつれて、そうではないことがわかったので、それがミステリーであった。

この謎の解明のきっかけは、一九八〇年代の終わり頃、「ぎんが」衛星（日本の第三号X線天文衛星）で個々の活動銀河核のスペクトルに吸収構造が見つかったことであった（囲み記事参照）。吸収の構造は個々の活動銀河で違いがあり、吸収の大きいものから小さいものまで足し合わせると、実際の宇宙X線背景放射のスペクトルも再現できることがわかった（囲み記事参照）。現在では、吸収が大きくガスに埋もれてハードX線だけが見える活動銀河も見つかっている。予想されるいろいろなスペクトルも考慮することで、宇宙X線背景放射のスペクトルは説明されている。

活動銀河のX線スペクトルと宇宙X線背景放射

活動銀河からのX線スペクトルにおける吸収構造は、筆者のグループでぎんが衛星のデータを解析したときに発見された。それまでは活動銀河のX線スペクトルは、のっぺりとしたスムーズなものとされていた。この構造はX線放射領域を取り囲むガスによる吸収と考えた。このガスの吸収が活動銀河によっていろいろあるとし、宇宙X線背景放射を活動銀河の寄せ集めとして説明もした。一九八九～一九九〇年の論文であった（Matsuoka M et al. ApJ **364** (1990), 440）。その後、日本のあすか衛星（日本の第四号X線天文衛星）などでより詳しい観測が上田佳宏らによりなされ、また、宇宙X線背景放射の説明も改良された。

その後、あすか衛星やチャンドラ衛星で、限られた領域ながら詳細に観測することで、それ以前は一様のX線の雲としか見えなかった宇宙X線背景放射の少なくとも大半が、個々のX線源に分解されることがわかり、宇宙X線背景放射の最大の謎は解けた。結局、個々のX線源のほとんどは活動銀河と考えられる。これは、第三章で述べたX線の天の川の起源が、結局、弱い星からのX線の寄せ集めと結論付けられた話に似ている。

宇宙の膨大さは、個々の点状X線源をガス状の天体に変え、激しい変動もスムーズな放射に変えるマジックを演出している。物事の本質は見かけだけでないことに注意しなければならない。

これに関連してエネルギーがX線よりもさらに高いガンマ線の背景放射が最近は話題になっている。X線の背景放射のように個々の活動銀河の寄せ集めで説明できるのか、ほかの成分が必要かとの問題があるからだ。ほかの成分とは第十章で述べる、暗黒物質の崩壊がガンマ線の成分として加わっているとの説もあるからだ。ただ、ガンマ線の背景放射の観測の精度はX線に比べるとまだ不足である。最終結論は将来の精度ある観測に期待したい。

(7) 恒星質量のブラックホールから、銀河スケールの巨大ブラックホールへ

ブラックホールの質量には理論的には上限も下限もない（第六章（1）❷）。しかし、現実に宇宙で見つかっているブラックホールの質量は、太陽質量のほぼ二倍以上のものに限られる。実際、

太陽よりも軽いブラックホールがもし見つかれば、その生成過程が大問題となるだろう。第六章で登場したブラックホールは、太陽質量の二倍から大きいものでは二〇～三〇倍以下と、星程度の質量だった。本章では、それらに比べて数百万～数億倍の質量の巨大ブラックホールに話が飛んでしまっては、この二つの中間の質量のブラックホールは宇宙に存在しないのかという疑問が残る。実はそれは、宇宙でのブラックホールの生成過程の謎とされている問題である。観測的には、この中間の質量をもつとされるブラックホール候補が少しずつ見つかってきてはいる。しかし、そのそれぞれの質量を疑問視する研究者もいる現状であり、まだ確定した話ではない。よくいってもそれほど多くは見つかっていないのも事実だ。

そもそも、周りにガスがないような孤立したブラックホールは輝かない。遠い銀河では、質量が中間のブラックホールがあってもそれほど目立たないのかも知れない。しかし、巨大ブラックホール形成論から考えて、ゼロからいきなり巨大なブラックホールができるのでは飛躍しすぎだ。実際、星程度の質量のブラックホールがだんだん成長していくことで巨大ブラックホールができるという説もある。

活動銀河でない普通の小さな銀河の中心には、太陽質量の数百～数十万倍のブラックホールがよくあるのかも知れない。それらは、本章で述べたような巨大ブラックホールに至る前段階なのかも知れない。あるいは、銀河系のどこかに目立たずこのような中間質量のブラックホールがあるのかも知れない。宇宙はまだまだ謎に満ちている。

実は、本書の校正をしていた二〇一六年二月一二日、米国の重力波研究グループは、北アメリカ大陸の東と西に設置した重力波観測装置が初めて信頼性の高い重力波をとらえたと発表した（Abbott,B.P., et al. PRL **116**, 061102（2016））。この結果は、ほぼ三六倍と二九倍の太陽質量をもつブラックホール連星系が約〇・五秒間強い重力波を出して合体し、六二倍の太陽質量のブラックホールができたと解釈された。この合体は超大爆発で三つの太陽がなくなるほどのエネルギーを重力波と新しいブラックホールの生成に費やされたという。ところが、この爆発では強いX線は検出できなかったようだ。このことは少なくとも次の二つの重要な結果を物語っている。

①宇宙には数十倍の太陽質量のブラックホールが、多分たくさん存在し、X線やガンマ線ではそれほど輝いていない。

②ブラックホール同士が合体したとき、多分、X線やガンマ線で輝く天体が生成されにくいということになり、ブラックホールの生成のシナリオに大きなインパクトを与えた。さらに、重力波の観測が進んで中性子星同士の合体や、ブラックホールと中性子星の合体がとらえられた場合、X線やガンマ線がどれほど放射されるかは大変興味あることである。

1　潮汐力：満月や新月のとき海は、月と太陽の引力、すなわち潮汐力が合わさって大潮になる。太陽、月、地球を結ぶ直線方向に海が引き伸ばされる現象だ。これと同じように、巨大ブラックホールに星が近付くと、ブラックホールの潮汐力で星は引き伸ばされる。やがては引きちぎられ、バラバラになり（潮汐破壊され）ながら回転して落ちこんでいく。これに伴って、ばらばらになった星は、高温の渦になり、その一部がジェットとして外に向かって高速で放出されると考えられる。

第十章　ビッグバンへ

私たち一人一人はチッポケながら宇宙の構成物質だ。宇宙は、膨大な量のこれら見える物質を全部集めたもので成り立っていると考えられてきた。また、人、地球、太陽、星々、銀河へと宇宙は無限に広がっているかに見える。しかし、最近の宇宙観測によって、宇宙は広大とはいえ有限で、その中で人間が感知するもの（物質）は限られていることがわかってきた。いい換えれば、私たちは一つの限られた宇宙の中に住み、この宇宙には膨大な見えない物質があるのだ。

宇宙は、遠くを見れば見るほど速い速度で遠ざかっていることが、一世紀近く前から知られている。宇宙の果てに近い場所では光の速度近くの猛烈な速さで遠ざかっている。ハッブルの法則と呼ばれる観測的事実であり、ビッグバン説のもとになったものだ。これは宇宙が膨張している証拠である。仮に、これらの天体をすべて縮めてしまうと一点になる。宇宙全体の膨大な量の物質が集まったこの一点がビッグバンのはじまった初期の姿である。宇宙開闢《かいびゃく》の当初はとてつもないエネルギーがあって超高温・超高密度で、物質が猛烈な勢いで生成された。膨張する中でやがて私たちにもなじみの深い電子や陽子ができ原子核が生まれ、原子が生成され、時を経て現在の宇宙の姿になったものだ。

さて、光速といえど有限のため、遠くを見るということは、宇宙の昔の姿を見る、ということに等しい。たとえば一〇〇億光年先の天体を観測した場合、実際に見えているのは、その天体の一〇〇億年前の姿だ。ハッブルの法則通り、そのような遠方の天体は高速で遠ざかっているため、その光はドップラー効果（第八章序文参照）によって大きく赤方偏移する。すなわち光の波長が長くなって観測される。

それよりさらに遠方を見ればどうなるだろう。宇宙のはじまりまたは、それに近い時代の宇宙が観測できる、と期待できる。一九六四年、米国のベル電話研究所の技術者のペンジアスとウィルソンが、全天どの方向からもきわめて一様なマイクロ波放射がきていることを発見した。後にノーベル物理学賞が授与されることになった宇宙（マイクロ波）背景放射の発見だ。理論的には、一九四〇年代には予言されていたものだった。

この放射は、次のように解釈されている。約一三八億年前に宇宙が誕生したその直後、インフレーションという爆発的な物質の創生を伴うビッグバンが起こり、ほぼ三分間程度でこの宇宙の基本的な物質ができたとされる。当時は、あまりに高温で高密度のため、光が出られない状態だった。約三八万年が過ぎた頃、膨張によって温度は約三〇〇〇度に冷えてきて、宇宙が晴れあがり、光が自由に旅することができるようになった。いい換えれば、宇宙の姿が見える状態になった。これは温

図 10.1　マイクロ波電波で観測された宇宙背景放射の全天図

まだらな強度分布が見えるが、10 万分の 1 程度の強度の違いである。このまだら模様を詳細に調べることによって宇宙史を解こうという壮大な研究が進んでいる（ESA プランク宇宙マイクロ波観測衛星提供）。

度が三〇〇〇度の黒体放射で、オレンジ色程度の可視光になる。ただし、地球から見ると光速に近い速度で遠ざかっているため、その放射は激しく赤方偏移し、摂氏約マイナス二七〇度または絶対温度[注1]にして三度ケルビン（正確には二・七二五度ケルビン）のマイクロ波電波として観測される。それが、宇宙背景放射だったのだ。

これは、宇宙空間において、太陽や地球からの熱はもちろんのこと、星々や銀河からのわずかな光も遮断したとすると、その場所の温度は三度ケルビンであることを意味する。たとえば地球の軌道上の宇宙ステーションも例外でなく、地球の裏側に入って太陽から隠れているときは、極低温の環境にある。私たちはこの三度ケルビンの膨大な球殻の壁の中で生活している。球殻の向こうを見ることはかなわない。この球（正しくは三次元空間に時間軸を追加した四次元の球）こそが、私たちの宇宙である。

その後、観測技術が大幅に進歩した。宇宙背景放射を徹底した精密観測で調べることで、その温度がどこでも一様な約三度ケルビンではないことが今でははっきりしている。見る方向によって、一〇万分の一度ほどとごくわずかながら温度が異なるまだらな模様が見えてきたのだ。宇宙が完全に均質ではなかったからこそ、銀河、星、そして私たちが生まれた証拠である。そして、このまだら模様が、ビッグバンで生成した宇宙の物質や爆発が、どのように、どんなエネルギーで起こったかの手がかりを与えてくれる。宇宙の年齢、ひいては宇宙の果ての距離も、以前よりもはるかに正確に推定できるようになった。前述した一三八億年の宇宙年齢もそうしてわかってきたことだ。

宇宙論で避けて通れないのは、暗黒物質の存在だ。暗黒物質がはっきりしてきたのは一九七〇年代で、銀河系内の星の運動を調べることなどにより、重力以外の相互作用をしない物質が、宇宙には大量に存在しているに違いない、とされた。ただし、それ以前にも、銀河系の運動の研究から、通常の見える天体だけでは説明できない運動の気配に気付いていた研究者もいた。

重力以外の相互作用をしないということは、目には見えずしたがって観測もできない、いわば〝透明〟物質だ。暗黒物質またはダークマターと呼ばれる。その正体はいまだに不明だ。暗黒物質とはまだ発見されていない素粒子ではないかと、世界の科学者がその初確認を競っているところだ。

そして、この二〇年、観測技術がいちじるしく発展したにもかかわらず、いや発展したからこそ、このような〝ダーク〟な存在の謎がいっそう深まった。一九九〇年代後半より、宇宙が加速膨張している事実が明らかになった。これは、第七章（３）の囲み記事で述べたＩａ型超新星の観測により宇宙の三次元構造がよくわかってきた結果、はっきりしたものだ。宇宙の創成期に何がビッグバンを起こしたかはわからないにせよ、一旦爆発がはじまると、その後は物理の法則に従って、宇宙自体の重力のために、その膨張速度には少しずつブレーキがかかっていくことが予測される。ところが、現実には、過去のある時点から膨張がむしろ加速していることがわかったのだ。これは、宇宙では何か重力に反発する力が働いていることを示唆する。その正体不明の力を名付けて、暗黒エネルギー（ダークエネルギー）と呼んでいる。理論的仮説はいくつかあるものの、その正体は暗黒物質以上に謎だ。

最新の衛星による宇宙背景放射のまだら模様、つまりは非等方性の精密観測により、これら暗黒物質と暗黒エネルギーの存在が独立に裏付けられ、宇宙全体におけるその存在量もかなり正確に見積もられた。暗黒物質は、宇宙のビッグバンの時代からすでに生成されていたらしい。一方、暗黒エネルギーは、火の玉宇宙ができたとき、従来の予想以上に膨大なエネルギーが関与していたことを意味するものだ。

結果、今では、宇宙全体がもつエネルギーに比べ、私たちの目に見える物質はわずか五パーセントにも満たない、と考えられている。目に見えない物質である暗黒物質が、通常見えている物質の約六倍もある。そして、それら見える物質と見えない物質（暗黒物質）とを足し合わせても、エネルギーに換算して宇宙全体のエネルギーの約三〇パーセントに過ぎないことがわかってきた。残りの約七〇パーセントが、前述の正体不明のエネルギー、暗黒エネルギーだとされる。

わが宇宙のはじまりの研究は、それ自体不思議なことが多く、昨日の事件さえわからない人間社会にあって、一三八億年前の宇宙について見てきたように解説されることを不思議に感じるかも知れない。多くの観測事実に基づいて論理的推論をコツコツと積み重ねることによって、宇宙の誕生の初期から現在までの進化の全貌を解き明かそうとすることは、人間の英知といっていいだろう。

本書を通して見てきたように、宇宙は爆発を好む。なかでもわが宇宙そのものこそ〝宇宙最大の爆発〟を起こしていたものだ。

暗黒物質

見える物質の運動や分布を調べることで、見えない物資が存在しないと成り立たないという事実から、暗黒物資の量や分布が調べられている。時おり、暗黒物質（素粒子）が見つかったというニュースが流れることがある。これは暗黒物質と考えられる素粒子が崩壊して、見える物質である電子やX線やガンマ線として検出されたという観測あるいは実験結果である。これまで、発見の論文も出ているが、いずれもほかの科学者に追認された確実なものではない。そもそも、重力以外で感知できない物質を見える物質で確認することに無理があるのかも知れない。しかし、これを乗り越えて暗黒物質をとらえる成果が出れば、科学の歴史に残る超第一級の発見になることは間違いない。

1

絶対温度とは、この世で可能なもっとも低い温度（摂氏マイナス二七三・一五度）を〇度と定め、摂氏温度と同じ幅の目盛りで測った温度単位のこと。単位ケルビン（K）を用いて表す。たとえば、摂氏〇度（〇℃）は、絶対温度二七三・一五度ケルビン。

おわりに

爆発はいつでも、どこでも起こる。

一定の法則でコントロールされている状態から、緊張がたまってコントロールできなくなって起こるものが爆発だ。ここでは宇宙で起こる例を取り上げてきたが、人間社会でも経済活動や国際関係において、正常なコントロールがきかなくなって爆発することがある。好調な爆発的発展もあるが、不幸な戦争の勃発もある。この種の爆発問題は、自然現象と違って人間の精神活動が入るため、取り扱いは複雑である。人間が絡む爆発問題は自然科学とは違った分野で取り上げられ、人類の永遠のテーマだ。

自然現象では、何らかの法則でコントロールされている間は定常に、定式化されゆっくりと変化し、進行する。しかし、この法則が使えなくなるまで進行したとき、または、何らかの外部からの働きにより、急に平衡が崩れ、コントロールがきかなくなると暴走する。つまり爆発に転じる。爆発は激しい短時間変動だ。

宇宙で起こる爆発も、地球で起こる地震や気象現象の爆発も、自然現象の爆発は正確な予測ができない共通点がある。このため、短時間に起こる爆発を詳細に観測して現象を正しく学びメカニズムを理解する必要がある。宇宙で起こる短時間の爆発現象の観測は、最近の新しい分野として目覚ましく進展しつつある。

この書物が出版される頃には日本の第六号X線天文衛星ASTRO（アストロ）-Hが活躍を開始しているだろう。この衛星はチャンドラ衛星、XMM-ニュートン衛星から一五年以降なかった久々の世界の大型X線天文衛星である。これまで述べてきた謎の多い爆発天体でもASTRO-Hの画期的なエネルギー分解能をもつ検出器による観測や、X線からガンマ線におよぶ広帯域の観測などで、爆発現象でも素晴らしい発展があるだろう。全天X線・ガンマ線監視観測と連携して、〝爆発を好む宇宙〟の分野でも更なる発展が期待されている。

自然の爆発で、遠い宇宙で起こるものは人の好奇心やロマンを駆り立てる。時には、そこから新しい法則や爆発の危機を学びとることができる。地球上で起こる時間スケールの長い変動は、宇宙観測から学べる場合もある。身近な例として、温暖化問題は地球規模とか惑星スケールで考えられるものである。ゆっくりとした進行ではあるが、平衡が破れ爆発的な現象が起こる時間スケールは人類の歴史から見て決して長くないかも知れない。隕石の衝突で恐竜が絶滅した話は、太陽や木星に大きな隕石や彗星が衝突した観測結果から、そのすさまじさを学ぶことができる。人類が恐竜と同様に長く繁栄できるかどうかは、さまざまな爆発現象を十分に学び、そのときに備えた予防と危機管理が必要である。ただし、人類の場合、自然が起こす爆発よりも発達した知能が起こす〝爆発〟の方が危険かも知れない。

最後に本書をまとめたきっかけについて記述しておく。

二〇一一年三月一一日、東北地方太平洋沖地震によって日本は未曽有の災害に襲われた。それから五年になろうとしているが、まだこの影響は残っている。この災害に直接遭った方々の多くはそれまで培ってきた生活を大転換せざるを得なくなった。災害に直接遭わなかった人でも、それぞれの人生観に何らかの影響があったことだろう。

その頃は、一二年間に及ぶ準備の末、国際宇宙ステーションに載せた全天X線監視装置（マキシ）が観測を開始して一年半ほど経過し、一定の成果も出て一段落したときだった。そして、筆者はこのプロジェクトの責任者を辞して引退するにふさわしい年齢になっていた。しかし、この大震災は筆者のその後の生き方にも影響を及ぼしたのである。

地震直後、この震災の復興のため、何をやるべきかを真剣に考えた。専門に近い放射線関係で何かやれることはないか。放射線の測定、環境問題、人体への影響等、やるべきことはあるに違いないと考えた。一方、この方面では作業の敏速さが問われ、現場では体力を使う必要もあるとも考えた。年齢や能力・体力などから、足手まといにならないかと消極的な考えも浮かんだ。たどり着いた結論は保守的なものであった。

それは、自分が今、もっとも自然にやれることを全力でやるということであった。つまり、マキシから出はじめたデータを中心に地道な研究をするとの結論である。この結論は安易なものかも知れない。爆発現象の発見や速報は若い人たちが機敏にやる研究だが（じっさい、根来均らによりみごとな速報システムが構築された）、大量に出るデータを使った地道な研究は少し暇になり、経験のある筆者の担当ではないかと考えたわけである。つまり、多額の公費を使って実現したマキシの研究成果を出すことがマキシチームの使命だと勝手に考えたわけである。

マキシの準備と初期運用の忙しさで、まともな研究論文を長年書いていなかったため、ねらった研究課題の論文を調べることからはじめた。幸いによき共同研究者（浅井和美、三原建弘ら）が主導する研究に新しい見方で参加して、いくつかの論文が完成された。地味な研究ではあるが、公費をかけて実現したマキシの結果から着実に成果を出す義務の一端に参加してきた。引退して気ままな生活に入らず、忙しい若者がすぐにはやらない研究を見つけようと考えたのである。

それから五年が過ぎ、引退では得られなかった活力も頂き、地道ながら論文作成にも参加してきた。そして、自分の研究人生でも論文の生産効率が高い期間になった。ただ、視力の低下のため引退の時期ではあるが、第一線から遠のけば、人の受け売りの解説になり、科学的価値が下がる。そこで、その前に何とかまとめあげたいと鞭を打って書きあげた。急いだところでは、正式な論文にしないまま考えを述べた点もある。検証はさらに時間をかけたいと考えている。

本書は、科学的根拠に基づいているが、一部、未完成な論文のまま、筆者の推測も加味した箇所がある。そこには、若い人たちと最先端の研究を議論できるうちに、筆者の考えをまとめる必要があったからである。推測の部分の正誤の判断は、将来に期待するものである。間違いが判明し次第何かの機会に正していきたいと考えている。

なお、本書の科学の基本的な数値や内容のチェックは、二〇〇〇年代の初めにマキシチームの一員としてNASDA（宇宙開発事業団）の時代に参加された坂野正明博士（現 Wise Babel Ltd 社長）にお願いした。緻密で有意義なコメントや、一部追記も頂いたことに対し深く感謝したい。ただし、間違いや思い違いが残っている場合は、筆者の責任であることに変わりない。

ASTRO（アストロ）-H衛星（ひとみ）

ASTRO-Hは二〇一六年二月一七日、H-ⅡAロケット30号機で種子島宇宙センターから打ち上げられた。衛星は予定された軌道に投入され、「ひとみ」と命名された。

「ひとみ」は、ネオンやシリコンのような軽元素から、鉄などの重い元素が放射する輝線を、これまでなかった精度で詳細に検出できる大きな特徴をもつ。さらに、硬いX線まで集められるX線ミラーも備えている。このため、宇宙の爆発現象はもちろんのこと、ブラックホールや暗黒物質がうごめく宇宙の姿を精密に観測することで宇宙構造や成りたちについて飛躍的な発展をもたらすだろう。本書は、今後、このような「ひとみ」からもたらされるダイナミックな新しい宇宙像の入門書の一部としての役割も果たせるものと期待している。

東日本大震災から五年　二〇一六年三月十一日

松岡　勝

松岡　勝（まつおか　まさる）

1939年三重県生れ

名古屋大学・理学研究科で、国産の観測ロケットによる宇宙X線の観測を日本で初めて実行し、一九六六年に理学博士号取得。博士号取得後、東京大学宇宙航空研究所の助手、助教授、理化学研究所主任研究員、宇宙科学研究所の客員教授、埼玉大学客員教授を歴任。この間、X線新星、X線バーストの研究に従事し、はくちょう衛星チームの一員として「朝日賞」（一九八〇年）を受賞。その後、理化学研究所主任研究員時代は活動銀河の研究で初めて活動銀河のX線スペクトルに構造を発見、これをもとに宇宙X線背景放射の点源説を定量的に初めて提案した。

理化学研究所では三つのプロジェクトを新しく立ち上げた。（1）宇宙開発事業団の技術試験衛星に重粒子検出器と電子・陽子の宇宙放射線モニターを搭載して宇宙放射線の研究では共同研究者（河野毅）に協力した。この技術はその後、JAXAの宇宙放射線計測の標準装備となって継承されている。（2）米・日・仏の国際共同のガンマ線バースト観測衛星（ヘティHETE：二〇〇〇年打上げ）への参加。ヘティでは、日本側代表として、ガンマ線バーストの位置決定をし、光学対応天体の同定に貢献。（3）国際宇宙ステーションに載せた全天X線監視装置マキシ（MAXI）を提案し実現させた。マキシでは、NASDA／JAXAでMAXIのサイエンス・マネージャ（NASDA／JAXAの招聘研究員）を勤めた。マキシは二〇〇九年に打ち上げ、現在に至っている。

二〇一〇年にJAXAから理化学研究所に戻り、理化学研究所の特別顧問を勤めマキシの科学成果の推進に努めている。現在は理化学研究所名誉研究員・研究嘱託として、マキシのデータを使った研究を継続中。マキシのデータは世界の関係者に広く使われ共同研究も多い。二〇一三年には、マキシの主論文（Matsuoka, M. et al., PASJ, **61** (2009), 999）で日本天文学会から論文賞を受賞した。

主な著書

Cosmic X-Rays M.Oda and M.Matsuoka〔共著〕	North-Holland Publ. Co.	(1971)
宇宙の観測Ⅱ（共著）	恒星社厚生閣	(1982)
X線でみた宇宙	共立出版	(1986)
物理学の最先端常識（共著）	共立出版	(1987)
高エネルギー宇宙物理学（共著）	朝倉書店	(1990)
X線・ガンマ線のスペース天文台 (「日本の天文学の百年」での分担執筆)	恒星社厚生閣	(2008)

爆発を好む宇宙
——ビッグバンにはじまり
爆発で進化する宇宙

二〇一六年四月一〇日　発　行
二〇一六年五月二〇日　第二刷発行

著作者　松岡　勝　

発行所　丸善プラネット株式会社
〒一〇一－〇〇五一
東京都千代田区神田神保町二－一七
電話（〇三）三五一二－八五一六
http://planet.maruzen.co.jp/

発売所　丸善出版株式会社
〒一〇一－〇〇五一
東京都千代田区神田神保町二－一七
電話（〇三）三五一二－三二五六
http://pub.maruzen.co.jp/

組版　月明組版
印刷・製本　富士美術印刷　株式会社
ISBN978-4-86345-291-6 C3044